Naveen Kumar Vaishnav
Roshan Panda

Voz para codificar usando a linguagem de programação Python

Naveen Kumar Vaishnav
Roshan Panda

Voz para codificar usando a linguagem de programação Python

ScienciaScripts

Imprint

Any brand names and product names mentioned in this book are subject to trademark, brand or patent protection and are trademarks or registered trademarks of their respective holders. The use of brand names, product names, common names, trade names, product descriptions etc. even without a particular marking in this work is in no way to be construed to mean that such names may be regarded as unrestricted in respect of trademark and brand protection legislation and could thus be used by anyone.

Cover image: www.ingimage.com

This book is a translation from the original published under ISBN 978-620-8-42062-8.

Publisher:
Sciencia Scripts
is a trademark of
Dodo Books Indian Ocean Ltd. and OmniScriptum S.R.L publishing group

120 High Road, East Finchley, London, N2 9ED, United Kingdom
Str. Armeneasca 28/1, office 1, Chisinau MD-2012, Republic of Moldova, Europe
Managing Directors: Ieva Konstantinova, Victoria Ursu
info@omniscriptum.com

Printed at: see last page
ISBN: 978-620-3-33315-2

Resumo

O "Voice To Code Using Python Programming Language" utiliza a tecnologia de reconhecimento de voz para permitir que os utilizadores executem comandos Python através da linguagem falada, melhorando a acessibilidade e a usabilidade para indivíduos que possam enfrentar desafios com os métodos de codificação tradicionais. O sistema utiliza um servidor Web Flask para apresentar os resultados e o MongoDB para armazenar dados de voz associados aos comandos reconhecidos. Ao converter os comandos de voz em código Python executável, este projeto oferece uma experiência de codificação mãos-livres, tornando a programação mais intuitiva e acessível para os programadores, especialmente em ambientes multitarefa ou para pessoas com deficiência. A integração de tecnologias de reconhecimento de voz e de processamento de linguagem natural (PNL) assegura uma interpretação exacta dos comandos, permitindo a geração e execução de código sem descontinuidades. O projeto também fornece feedback em tempo real, validação de código e correção de erros, simplificando assim o processo de codificação e melhorando a produtividade.

Capítulo 1

Introdução

O projeto Voice to Code permite aos utilizadores executar comandos Python através da tecnologia de reconhecimento de voz. Este projeto melhora a acessibilidade para aqueles que podem ter dificuldades com os métodos de codificação tradicionais, permitindo uma interação mais intuitiva com a programação. A aplicação utiliza um servidor Web Flask para apresentar resultados e utiliza o MongoDB para armazenar dados de voz ligados aos comandos reconhecidos.

O projeto Voice to Code permite-lhe executar comandos Python apenas falando. Isto torna a programação mais fácil para as pessoas que podem ter dificuldade em usar um teclado. Utiliza um servidor Web (Flask) para mostrar os resultados dos seus comandos e armazena as gravações de voz ligadas a esses comandos numa base de dados (MongoDB). Essencialmente, transforma a sua voz em código.

A aplicação de reconhecimento de voz foi concebida para facilitar a interação com a tecnologia através de comandos de voz. Este projeto aproveita o poder do reconhecimento de voz para converter palavras faladas em texto, que é depois processado para recuperar dados associados a partir de uma base de dados MongoDB. Os resultados são apresentados numa interface Web de fácil utilização criada com o Flask, tornando-a acessível e intuitiva.

1.1 Visão geral do voz para código

O conceito de **Voice-to-Code** refere-se à ideia de utilizar tecnologias de reconhecimento de voz para gerar código informático ou efetuar tarefas de programação através de comandos de voz. Em vez de escrever o código manualmente, os programadores podem ditar o código utilizando linguagem natural ou comandos estruturados, permitindo uma experiência de codificação mais mãos-livres e potencialmente mais eficiente. Esta abordagem aproveita os avanços nas tecnologias de conversão de voz em texto (STT), que registaram rápidas melhorias em termos de precisão, velocidade e compreensão da linguagem natural

Os principais componentes do conceito Voice-to-Code incluem

1. **Sistemas de reconhecimento de voz**: Estes sistemas convertem a linguagem falada em texto, permitindo que os computadores processem comandos de voz

2. **Processamento de linguagem natural (PNL)**: A PNL é utilizada para analisar e compreender o significado subjacente aos comandos de voz. Interpreta a intenção do utilizador, o que é particularmente importante para instruções ambíguas ou complexas

3. **Lógica de geração de código**: Assim que o discurso é convertido em texto e compreendido, o sistema gera o código correspondente. Este pode variar desde simples declarações de variáveis até funções complexas ou programas inteiros

4. **Interface de voz**: O sistema deve ser capaz de interagir com o programador de uma forma natural e conversacional. Isto inclui frequentemente a utilização de avisos e feedback, orientando o utilizador para fornecer mais informações, conforme necessário

O objetivo do Voice-to-Code é permitir que os programadores utilizem a sua voz para escrever código de forma tão eficiente como a dactilografia, proporcionando ao mesmo tempo uma interação mãos-livres. Isto pode ajudar em situações em que a digitação manual não é prática, como em ambientes multitarefa ou para pessoas com deficiências que dificultam a digitação tradicional

Alguns dos potenciais benefícios deste conceito incluem

- o **Aumento da produtividade**: Os programadores podem codificar enquanto realizam outras tarefas, reduzindo o tempo gasto na digitação manual

- o **Acessibilidade**: Fornece uma solução para programadores com deficiências motoras ou que não conseguem escrever facilmente

- o **Ergonomia**: A redução da necessidade de digitação constante pode reduzir o risco de lesões por esforço repetitivo

No entanto, há desafios a ultrapassar, tais como lidar com diferentes linguagens de programação, lidar com sotaques e ambientes ruidosos e garantir a exatidão do sistema

1.2 Melhorar a geração de códigos através do de voz

O processo de **melhoria da geração de código através do reconhecimento de voz** envolve o aperfeiçoamento da capacidade do sistema para compreender e gerar código com precisão a partir de comandos de voz. Esta melhoria baseia-se normalmente nos sistemas tradicionais de reconhecimento de voz, incorporando caraterísticas especializadas e modelos de formação adaptados às linguagens de programação. São utilizadas várias técnicas e tecnologias para garantir a geração de código de alta qualidade:

1. de reconhecimento de fala

Estes algoritmos convertem sinais de áudio em texto. Num sistema tradicional de voz para texto, o objetivo é simplesmente transcrever com precisão as palavras faladas. No entanto, para a conversão de voz em código, o sistema deve compreender a terminologia de programação especializada e as regras sintácticas. Isto significa que o motor de reconhecimento de voz tem de ser treinado num corpus de linguagens de programação, convenções de codificação e ambientes de desenvolvimento

Por exemplo

- o Reconhecer a sintaxe específica da programação (por exemplo, ponto e vírgula, parênteses, colchetes)

- o Compreender as palavras-chave relacionadas com o código, como função, variável, classe, retorno, etc

- o Distinguir entre linguagem natural e comandos de programação (por exemplo, "definir uma função" vs. "definir um método")

2. Compreensão da linguagem natural (NLU

Depois de a voz ser transcrita para texto, o sistema tem de compreender o significado subjacente às instruções. Para que os comandos de voz sejam traduzidos em código válido, o sistema deve ser capaz de

- o Analisar a estrutura das frases, identificando variáveis, nomes de funções e lógica

- o Reconhecer a intenção a partir do discurso do utilizador. Por exemplo, se um programador disser "Criar um ciclo que seja executado 10 vezes", o sistema deve saber que está a ser pedido um ciclo for ou while e deve gerar o código correspondente com a sintaxe correta

3. **de código sensível ao contexto**

Para sistemas Voice-to-Code eficazes, a consciência do contexto é crucial. Na geração de código tradicional, os programadores baseiam-se frequentemente em linhas de código ou lógica anteriores. Os sistemas baseados na voz têm de estar conscientes do contexto em que o utilizador está a falar, permitindo que o sistema gere código coerente em várias linhas ou chamadas de função. Isto significa que o sistema deve

- o Mantenha o controlo da estrutura geral do código, dos nomes das variáveis e das funções previamente definidas

- o Oferecer sugestões ou correcções em tempo real, orientando o programador para um código sintaticamente correto e lógico

4. Feedback em tempo real e de erros

Uma caraterística essencial de um sistema de geração de código ativado por voz é o **feedback em tempo real**. Se o sistema interpretar mal um comando de voz ou gerar um código incorreto, o utilizador deve ser capaz de o corrigir rapidamente. Isto pode ser conseguido através de

- o **Comandos de voz para edição**: Os programadores podem utilizar comandos de voz para modificar ou eliminar partes do código. Por exemplo, dizer "apagar a última linha" ou "alterar a variável x para y.

- o **Validação do código**: O sistema pode verificar se o código gerado está sintáctica e logicamente correto. Se for encontrado um erro, o sistema pode informar o programador, sugerir correcções ou mesmo corrigir automaticamente erros simples

5. Integração com IDEs e de desenvolvimento

Para melhorar o processo de geração de código, os sistemas Voice-to-Code devem integrar-se perfeitamente com os populares ambientes de desenvolvimento integrado (IDEs) e editores de código. Esta integração permite

- **Navegação baseada em voz**: Os programadores podem utilizar a sua voz para navegar nos ficheiros, abrir secções de código específicas ou alternar entre separadores

- **Destaque e sugestões de sintaxe**: O sistema de voz pode ser emparelhado com os recursos de autocompletar e verificação de sintaxe do IDE para fornecer um processo de codificação mais eficiente

6. Aprendizagem automática e de treino

O treino do sistema de reconhecimento de voz em dados específicos do código (e não apenas em dados gerais da fala) é fundamental para alcançar uma elevada precisão. Isto requer

- **Conjuntos de dados específicos do domínio**: Criar grandes conjuntos de dados que incluam trechos de código, tutoriais de programação e repositórios de código-fonte para que o sistema aprenda a sintaxe e o contexto da programação

- **Aprendizagem contínua**: O sistema pode ser concebido para melhorar ao longo do tempo, à medida que processa mais interações dos utilizadores. Esta componente de aprendizagem automática garante que o sistema se adapta aos padrões de discurso do utilizador, ao estilo de codificação preferido e a tarefas de programação específicas

7. multilingue e multimodal

Um sistema eficaz de geração de código baseado na voz deve, idealmente, suportar várias linguagens de programação (por exemplo, Python, JavaScript, C++, etc.), cada uma com a sua sintaxe e convenções únicas. Além disso, o sistema pode integrar capacidades multimodais

- **Sugestão de código através de voz e entrada visual**: Em alguns cenários, o utilizador pode descrever alterações ao código enquanto olha para uma representação visual do código. O sistema pode combinar a entrada de voz com pistas visuais (por exemplo, realçar a parte do código a modificar) para melhorar a precisão

8. baseada na voz

O reconhecimento de voz pode também promover a colaboração em cenários de programação em pares ou de desenvolvimento de software em colaboração. Vários programadores podem emitir comandos de voz para modificar ou acrescentar caraterísticas ao código em simultâneo, e o sistema pode ajudar a coordenar estas entradas sem interferir com o trabalho de cada um

Capítulo 2

Declaração do problema - "Voz para código para linguagem de programação em Python"

Este capítulo descreve os objectivos e os aspectos técnicos da implementação de um sistema de voz-para-código para programação Python, em que os comandos de voz são reconhecidos e convertidos em código ou instruções em linguagem Python

2.1Definir requisitos e especificações de projeto

2.1.1 funcionais

O sistema deve ser capaz de

1. Reconhecimento **de entrada de voz**

   o A aplicação deve aceitar a entrada de voz utilizando um microfone

   o A entrada de voz deve ser transcrita para texto utilizando um serviço de conversão de voz em texto (por exemplo, a API de reconhecimento de voz da Google)

   o O sistema deve ser capaz de lidar com frases ou comandos simples e convertê-los em trechos de código Python válidos

2. Interação **com a base de dados**

   o O texto transcrito (comando de voz) deve ser confrontado com uma base de dados MongoDB

- o Se o comando de voz corresponder a um comando predefinido na base de dados, o sistema deve devolver um fragmento de código Python associado ou uma saída

3. Geração **de saída**

- o O código Python correspondente ao comando vocal deve ser apresentado numa interface Web em tempo real

- o O sistema deve permitir que o utilizador visualize o resultado do código depois de este ter sido transcrito e executado

4. Feedback **em tempo real**

- o Uma interface Web de fácil utilização deve apresentar o código transcrito em tempo real

- o O sistema deve incluir um botão giratório de progresso ou uma animação de carregamento enquanto se aguarda o processo de reconhecimento e recolha

5. **Guardar em** ficheiro

- o O código gerado a partir do comando de voz deve ser guardado num ficheiro de formato .py, anexando a saída de cada novo comando

2.1.2 não funcionais

1. Usabilidade

o O sistema deve ser fácil de utilizar, com o mínimo de interação necessária por parte do utilizador para além dos comandos de voz

o A interface Web deve ser reactiva e compatível com diferentes tamanhos de ecrã (computador, tablet, telemóvel)

2. Desempenho

o O reconhecimento e o processamento da voz devem ser rápidos, idealmente não demorando mais do que alguns segundos a processar e a gerar o código Python

3. Fiabilidade

o O sistema deve tratar os erros comuns de forma graciosa, como a incapacidade de reconhecer a fala ou falhas na ligação à base de dados

o A base de dados deve apresentar resultados fiáveis com base na consulta vocal

4. Escalabilidade

o A base de dados MongoDB deve ser concebida de forma a poder lidar com um número crescente de comandos e fragmentos de código Python ao longo do tempo

2.1.3 de conceção

1. Arquitetura

a. **Arquitetura de microsserviços**: O sistema é composto por dois serviços principais o **Serviço de reconhecimento de voz**: Trata da introdução de voz, do reconhecimento de voz e da conversão em texto

o **Serviço de Interface Web**: Uma aplicação Web Flask que serve o código Python e o resultado via HTTP

2. Pilha **de tecnologia**

a. Frontend

o HTML, CSS, JavaScript (para apresentação de conteúdos dinâmicos)

o Design responsivo com animações para uma experiência de utilizador suave

b. Backend

o **Flask**: Estrutura web Python para servir a aplicação e tratar os pedidos HTTP

o **Reconhecimento** de voz: biblioteca speech_recognition para converter a entrada de voz em texto

o **MongoDB**: Base de dados NoSQL para armazenar os comandos predefinidos e os respetivos trechos de código Python associados

3. Fluxo **de dados**

o O utilizador dá entrada de voz através de um microfone

o A entrada de voz é processada pelo sistema de reconhecimento de voz para gerar texto

- o O texto é utilizado como uma consulta para pesquisar na base de dados MongoDB

- o O código Python resultante ou a saída é apresentado na interface Web

4. Interface **Web**

- o O resultado é apresentado dinamicamente no front-end após a obtenção de dados do back-end

- o É apresentado um botão giratório para indicar o processamento e o resultado reconhecido é apresentado depois de obtido

2.2 Implementação e

2.2.1 da implementação

1. Implementação **do reconhecimento de voz**

- o O sistema utiliza a biblioteca de reconhecimento de voz em Python para efetuar a conversão de voz para texto

- o É utilizada uma entrada de microfone para captar áudio e enviá-lo para a API Google Web Speech para transcrição

- o A aplicação ouve o microfone durante um período fixo (15 segundos) e depois processa o áudio para gerar texto

2. Integração **do MongoDB**

- o A base de dados MongoDB armazena comandos e código Python associado

- o O sistema consulta a MongoDB utilizando a entrada de voz reconhecida, limpando a cadeia de entrada antes de consultar a base de dados

- o Se for encontrada uma correspondência, recupera o código Python associado e prepara-o para apresentação

3. Aplicação **Web Flask**

- o A aplicação Web Flask serve a interface e gere os pedidos HTTP

- o A aplicação apresenta o código Python transcrito num formato simples e com estilo

- o É criado um ponto final /get-output para devolver o texto de saída ao frontend

4. **Guardar a saída em** ficheiro

- o O código Python gerado é guardado num ficheiro .py utilizando operações básicas de E/S de ficheiros

- o Cada novo comando é anexado ao ficheiro, que pode ser utilizado mais tarde para mais testes ou execução

5. Implementação **de Frontend**

- o O frontend utiliza HTML, CSS e JavaScript para apresentar a interface do utilizador

- o É apresentada uma animação de roda enquanto se aguarda que o backend processe a entrada de voz

- o O texto de saída é injetado na página Web dinamicamente utilizando JavaScript depois de ter sido recuperado do backend

2.2.2 de teste

1. Testes **unitários**

   a. Teste **de reconhecimento de voz**

      o Testar se os comandos de voz são corretamente reconhecidos e transcritos para texto

      o Lidar com casos extremos, como discurso pouco claro ou ruído ambiente

   b. Teste **de MongoDB**

      o Certifique se de que as consultas à base de dados devolvem o fragmento de código correto com base na entrada de voz

      o Teste a base de dados para detetar casos extremos, como dados em falta ou consultas incorrectas

   c. Teste **de aplicações Web**

      o Verifique se a aplicação Flask está a ser executada corretamente na porta correta

      o Teste o ponto de extremidade /get-output para garantir que ele retorna a resposta correta

      o Certifique-se de que a página Web é apresentada corretamente, com o spinner a aparecer durante o processamento e o resultado apresentado após a conclusão

2. Testes **de integração**

o Testar todo o fluxo do sistema: da entrada de voz à consulta da base de dados e à apresentação do resultado na página Web

o Verificar se todos os componentes (reconhecimento de voz, MongoDB, Flask, frontend) funcionam em conjunto como esperado

3. Teste **de utilizadores**

o Testar o sistema com utilizadores reais para obter feedback sobre a usabilidade e o desempenho do sistema

o Verifique se o reconhecimento de voz consegue lidar com vários sotaques e padrões de discurso

4. Teste **de desempenho**

o Assegurar que o sistema pode processar os comandos de forma rápida e eficiente, com um atraso mínimo

o Testar a escalabilidade do sistema, adicionando mais fragmentos de código Python à base de dados MongoDB e verificando se o desempenho é afetado

2.2.3 Desafios e

1. Ruído **de fundo**

o **Desafio**: O ruído ambiente pode afetar a precisão do reconhecimento de voz

o **Solução**: Utilize o método adjust_for_ambient_noise de speech_recognition para calibrar o microfone para o ruído ambiente

2. **Precisão do** reconhecimento **de voz**

   o **Desafio**: O reconhecimento de voz pode interpretar mal o discurso

   o **Solução**: Implementar o tratamento de erros para UnknownValueError e RequestError para tratar graciosamente as falhas de reconhecimento

3. Tratamento **de consultas a bases de dados**

   o **Desafio**: A introdução de voz incompleta ou malformada pode levar a consultas incorrectas à base de dados

   o **Solução**: Limpar e pré-processar a entrada de voz para tratar erros comuns antes de consultar a base de dados

4. **Acesso simultâneo ao** servidor **Flask**

   o **Desafio**: O Flask pode não lidar com vários pedidos de forma eficaz na produção

   o **Solução**: Implantar o Flask com um servidor pronto para produção (por exemplo, Gunicorn) para lidar com solicitações simultâncas

Capítulo 3

Tecnologias utilizadas

3.1 de reconhecimento de voz

O reconhecimento de voz é o processo de conversão de linguagem falada em texto escrito utilizando técnicas de aprendizagem automática e de processamento de linguagem natural (PNL). Desempenha um papel vital nos sistemas Voice-to-Code, uma vez que permite a conversão de comandos de voz em código executável. Para que um sistema Voice-to-Code funcione eficazmente, um motor de reconhecimento de voz deve ser capaz de compreender com precisão as entradas do programador, incluindo a terminologia de programação e os comandos sintácticos

Tecnologias-chave no reconhecimento do discurso

- o **Reconhecimento automático do discurso (ASR)**: O ASR é a espinha dorsal do reconhecimento de fala. Envolve três etapas principais

- o **Processamento de sinal**: Esta etapa processa sinais de áudio em bruto, separando diferentes caraterísticas do som, como o tom, a frequência e a cadência

- o **Extração de caraterísticas**: O sistema analisa as caraterísticas acústicas (como os fonemas) do discurso

- o **Correspondência de padrões**: As caraterísticas da fala são combinadas com um modelo que prevê as palavras e frases mais prováveis

Alguns motores ASR populares são

- o **API Google Speech-to-Text**: Um serviço baseado na nuvem que converte a fala em texto em tempo real. Suporta vários idiomas e é conhecido pela sua elevada precisão na compreensão da linguagem geral e de termos específicos de um domínio

- o **Serviços de Voz do Microsoft Azure**: Este serviço inclui capacidades de reconhecimento de voz, transcrição e compreensão de linguagem, permitindo aos programadores integrar facilmente a conversão de voz em texto nas aplicações

- o **DeepSpeech da Mozilla**: Um motor de conversão de voz em texto de código aberto criado utilizando aprendizagem profunda, o que permite um maior controlo e personalização

- o **IBM Watson Speech to Text**: Fornece serviços de transcrição em tempo real com capacidades para afinar o sistema para necessidades ou terminologias específicas

2. **Processamento de linguagem natural (PNL) para a compreensão do discurso**:

Depois de o discurso ser convertido em texto, os algoritmos de PNL analisam e processam o texto para extrair significado. Nos sistemas Voice-to-Code, a PNL é crucial para compreender a intenção subjacente aos comandos de voz. Por exemplo, quando um utilizador diz "Criar uma função para calcular a soma de dois números", o sistema PNL tem de identificar isso

- o O utilizador pretende definir uma função

o   A função deve efetuar uma operação de soma

o   A função deve receber duas entradas numéricas

Os modelos de PNL como o **BERT**, o **GPT** e **as redes de transformadores** são frequentemente utilizados para analisar o texto falado de uma forma consciente do contexto

3. **Reconhecimento de intenções por comando de voz**:

Para a geração de código, é essencial que o sistema de reconhecimento de voz detecte acções de programação específicas, como a declaração de variáveis, a criação de loops, a definição de funções ou a importação de bibliotecas. Os modelos de aprendizagem automática são treinados para reconhecer estes comandos e mapeá-los para as estruturas de código correspondentes

Técnicas como a **Classificação de Intenções** e **o Reconhecimento de Entidades Nomeadas (NER)** são utilizadas para classificar acções como a criação de uma variável (Criar variável x) e detetar entidades como tipos de dados (inteiro, cadeia), loops (for, while) ou funções (função, método)

4. **Adaptação do locutor e do sotaque**: Um dos desafios do reconhecimento de voz é reconhecer com exatidão os comandos em diferentes sotaques e padrões de fala. Os sistemas Voice-to-Code utilizam frequentemente técnicas de aprendizagem automática para se adaptarem à voz do utilizador, melhorando a precisão ao longo do tempo. Este processo é conhecido como **adaptação do locutor**

O sistema pode utilizar técnicas como a **normalização fonética** (mapeamento de diferentes pronúncias da mesma palavra para uma forma padrão) e **modelos específicos do locutor** para ajustar a sua precisão de reconhecimento aos padrões de fala individuais

5. **Feedback em tempo real e tratamento de erros**: Os sistemas de reconhecimento de voz em ambientes de codificação devem oferecer feedback em tempo real. Se um sistema interpretar mal um comando (por exemplo, escrever "fazer uma classe" quando o utilizador quis dizer "definir uma classe"), deve fornecer sugestões ou correcções imediatamente.

3.2 do IDE e do ambiente

Um **Ambiente de Desenvolvimento Integrado (IDE)** é uma ferramenta crucial para o desenvolvimento de software, fornecendo tudo o que os programadores precisam para escrever, testar e depurar código. Ao integrar o reconhecimento de voz na geração de código, o IDE desempenha um papel central na facilitação da comunicação entre o programador e o sistema. O IDE deve suportar comandos de voz e integrar-se efetivamente com vários mecanismos de reconhecimento de fala

Principais componentes de configuração do IDE e do ambiente:

1. **Escolher um IDE**: O IDE é onde o código é escrito e testado. Ao incorporar a geração de código baseado em voz, o IDE deve idealmente

   o **Suporte a comandos de voz**: O IDE deve suportar a navegação baseada em voz, como abrir ficheiros, saltar para linhas específicas ou alternar entre projectos

   o **Verificação de sintaxe em tempo real**: O IDE deve validar a sintaxe do código e fornecer feedback instantâneo quando são detectados erros, o que é crucial para garantir a exatidão do código gerado através de comandos de voz

o **Integração com APIs de fala**: O IDE deve ser capaz de se integrar com APIs de reconhecimento de fala externas (por exemplo, Google Speech-to-Text, Microsoft Azure Speech Services)

Os IDEs populares que suportam funcionalidades baseadas em voz (nativamente ou através de plugins) incluem

d. **Código do Visual Studio (Código VS)**: Conhecido pela sua extensibilidade, o VS Code pode integrar-se com várias APIs de reconhecimento de voz e de aprendizagem automática através de extensões ou plug-ins personalizados

e. **JetBrains IntelliJ IDEA**: Popular pelas suas capacidades robustas de refacção, depuração e geração de código, o IntelliJ também suporta vários plug-ins que podem integrar serviços de reconhecimento de voz

f. **PyCharm**: Ideal para o desenvolvimento em Python, este IDE pode ser alargado para acomodar funcionalidades de codificação baseadas em voz

2. **Integração do reconhecimento de fala**: A integração do reconhecimento de fala no IDE normalmente requer a configuração do ambiente para funcionar com o sistema ASR escolhido. Essa configuração pode envolver

o Instalação das APIs ou SDKs necessários (como o Google Cloud SDK ou o Microsoft Azure SDK)

o Configurar a autenticação e as chaves da API

o Configurar a transcrição em tempo real para introduzir o discurso no editor de código

3. **Execução de código baseada em voz**: Depois de o código ser gerado através de comandos de voz, o IDE deve suportar a execução e o teste do código. Isto envolve

   o **Execução dentro do IDE**: Permitir que os utilizadores executem o código gerado diretamente no IDE, quer se trate de código Python, JavaScript ou qualquer outra linguagem

   o **Depuração e tratamento de erros**: O sistema deve fornecer ferramentas de depuração (por exemplo, pontos de interrupção, saída da consola, inspeção de variáveis) que funcionem com código gerado por voz para identificar e corrigir problemas

4. **Personalização de comandos de voz**: Os programadores devem ter a possibilidade de personalizar os comandos de voz de acordo com o seu fluxo de trabalho. Por exemplo, um programador pode definir comandos de voz específicos como

   o "Definir função calcular

   o "Inserir um ciclo for para iterar de 1 a 10

   o "Criar uma classe Pessoa

Esta personalização pode tornar o sistema mais intuitivo e alinhado com os hábitos de codificação do programador

3.3 Base de dados (MongoDB) e Web

Um sistema **Voice-to-Code** necessita frequentemente de armazenar, recuperar e gerir dados, quer se trate de preferências do utilizador, trechos de código ou ficheiros de projeto. **A MongoDB**, uma base de dados NoSQL, é normalmente utilizada para este fim devido à sua flexibilidade e escalabilidade

MongoDB para armazenamento de dados

O MongoDB é uma base de dados NoSQL orientada para documentos que armazena dados no formato BSON (Binary JSON), tornando-o altamente flexível para armazenar dados estruturados e não estruturados. A MongoDB é adequada para aplicações que requerem iteração rápida e tratamento de formatos de dados variáveis, o que é comum em aplicações baseadas em voz

Principais casos de utilização do MongoDB num sistema Voice-to-Code

1. **Perfis de utilizador e** preferências

   o Armazenamento de definições do utilizador, como comandos de voz personalizados, linguagens de programação preferidas e trechos de código específicos

   o Gerir os dados da sessão para cada utilizador, tais como trechos de código recentes ou comandos anteriores

2. Repositório **de códigos**

   o Armazenamento de trechos de código, modelos ou funções previamente escritas que podem ser reutilizadas em diferentes comandos de voz o Permitindo aos utilizadores guardar, recuperar e organizar partes de código para utilização posterior

3. Registos **de comandos de voz**

o Armazenamento de registos de comandos de voz para melhorar o desempenho e a precisão do sistema. A análise destes registos pode ajudar a melhorar o modelo de PNL, identificando comandos comuns ou erros frequentes

4. Sincronização **de dados em tempo real**

o Assegurar que quaisquer alterações ao código (geradas por voz ou por digitação) são armazenadas em tempo real, com actualizações enviadas para a base de dados conforme necessário

Tecnologias Web

O sistema Voice-to-Code pode também incluir uma interface baseada na Web para facilitar a interação, especialmente em ambientes colaborativos. Tecnologias Web como **HTML**, **CSS**, **JavaScript** e estruturas como **React** ou **Vue.js** são normalmente utilizadas para criar interfaces de utilizador para estes sistemas

1. Desenvolvimento de **front-end**

o **HTML/CSS**: Usado para construir a estrutura e o estilo da interface do utilizador. Num sistema Voice-to-Code, isto pode incluir um editor de código, um painel de feedback ou um ecrã para mostrar transcrições de voz em tempo real

o **JavaScript**: As bibliotecas JavaScript (por exemplo, **SpeechRecognition.js**, **Web Speech API**) podem ser utilizadas para gerir a entrada de voz diretamente no browser, permitindo a funcionalidade de voz para texto no front-end

2. Desenvolvimento **backend**

   o **Node.js/Express**: Estas estruturas são populares para criar aplicações do lado do servidor que podem lidar com chamadas da API de reconhecimento de voz, armazenar dados do utilizador no MongoDB e servir a aplicação de front-end

   o **APIs REST**: Utilizadas para a comunicação entre o frontend (browser) e o backend (servidor). As APIs REST tratam de pedidos como salvar trechos de código, recuperar preferências do usuário ou interagir com o banco de dados

3. Comunicação **em tempo real**

   o **WebSockets** ou **Socket.IO**: Para permitir interações em tempo real entre o frontend e o backend, especialmente no contexto de transcrição em direto ou de sessões de codificação em colaboração

4. Implantação **na nuvem**

   o **O AWS**, o **Google Cloud** ou o **Microsoft Azure** são frequentemente utilizados para implementar e dimensionar o sistema Voice-to-Code, nomeadamente para gerir as cargas de trabalho de reconhecimento de voz e garantir a disponibilidade e redundância dos dados

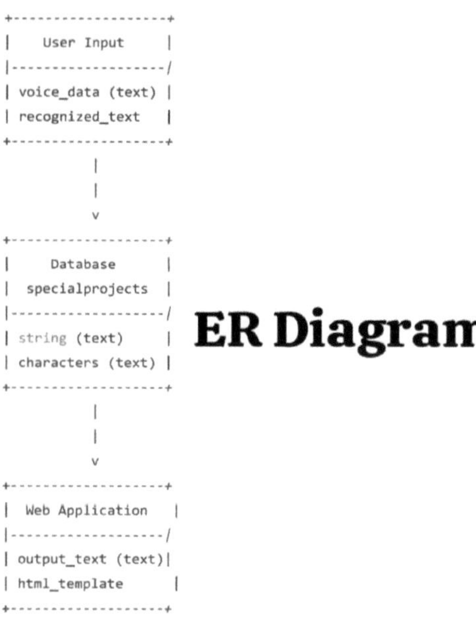

3.1 Diagrama ER do projeto

Entidades e

2. *do utilizador*

   o voice_data (string): A entrada de voz captada do utilizador.

   o recognized_text (string): O texto produzido pclo proccsso dc reconhecimento de voz.

3. **Base de dados (MongoDB**

   o **Entidade**: coleção de projectos especiais

b. **Atributos**:

o string (cadeia de caracteres): A palavra ou frase armazenada na base de dados.

o caracteres (cadeia): Os dados de caracteres associados à palavra armazenada.

4. **Web**

a. **Atributos**:

o output_text (string): O resultado apresentado na página Web.

o html_template (string): A estrutura HTML apresentada para a página Web.

Relações

Entrada do utilizador na base de dados:

o A entrada de voz do utilizador é processada para procurar palavras associadas na coleção specialprojects da base de dados MongoDB.

Base de dados para saída:

o Os resultados da base de dados (caracteres associados às palavras reconhecidas) são compilados e enviados de volta para a aplicação Web para serem apresentados.

Aplicação Web para o utilizador:

o A interface Web apresenta ao utilizador o texto reconhecido e os dados associados

Capítulo 4

Código Explicação

4.1 Análise de comandos de voz e códigos

O processo **de análise de comandos de voz e geração de código** é fundamental para o funcionamento do sistema. É aqui que a entrada de voz é convertida em acções significativas que podem ser traduzidas em código executável. O desafio não é apenas transcrever o discurso com precisão, mas também compreender a intenção por detrás do comando, especialmente num contexto de programação

Principais etapas na análise de comandos de voz e na *geração de* códigos

1. **Conversão de voz para texto**: O primeiro passo na análise de um comando de voz é converter as palavras faladas em texto. Isto é feito utilizando tecnologias **de reconhecimento de voz**, como a API Speech-to-Text da Google, os Serviços de Voz do Microsoft Azure ou bibliotecas locais como o DeepSpeech da Mozilla. Assim que o discurso é captado, o sistema envia os dados de áudio para um motor de reconhecimento de voz, que devolve uma cadeia de texto que representa o comando falado

2. **Pré-processamento e normalização**: Uma vez transcrito o discurso para texto, o comando é submetido a um pré-processamento. Isto inclui

o **Remoção de ruído**: Em condições do mundo real, a entrada pode conter ruído de fundo ou sons irrelevantes. O sistema filtra-os para garantir a precisão

o **Normalização do texto**: Este processo envolve a limpeza do texto transcrito. Por exemplo, "criar variável" pode ser normalizado para "criar uma variável", ou palavras estranhas como "um" ou "como" podem ser removidas

3. **Processamento de linguagem natural (PNL)**: Após o pré-processamento, o próximo passo crítico é interpretar o significado por detrás do texto transcrito. Isto é feito através do **Processamento de Linguagem Natural (PNL)**, que envolve

o **Reconhecimento da intenção**: O sistema identifica o objetivo do comando. Por exemplo, se o utilizador disser: "Criar uma função para calcular a soma de dois números", o sistema tem de reconhecer que a intenção é criar uma função

o **Reconhecimento de entidades**: O sistema identifica entidades de programação específicas no comando, tais como variáveis (x, y), tipos de dados (inteiros, flutuantes) ou estruturas de código (por exemplo, funções, loops)

Análise de comandos de voz (reconhecimento de voz)

- Configuração **do reconhecimento de voz**

o A biblioteca speech_recognition é utilizada para captar a voz do microfone e convertê-la em texto

o A função recognize_voice() é responsável por captar o áudio do microfone, ajustar o ruído ambiente e reconhecer o discurso utilizando a API Speech-to-Text da Google

```python
def recognize_voice():
    recognizer = sr.Recognizer()
    with sr.Microphone() as source:
        print("Adjusting for ambient noise... Please wait.")
        recognizer.adjust_for_ambient_noise(source)
        print("Now say whatever you want to say... (You have 15 seconds)")

        try:
            audio = recognizer.listen(source, timeout=15)
        except sr.WaitTimeoutError:
            print("Listening timed out while waiting for phrase to start.")
            return None
```

Fig 4.1 Configuração do reconhecimento de fala

- **Ajuste para ruído ambiente**: A função ajusta primeiro o ruído ambiente no ambiente utilizando recognizer.adjust_for_ambient_noise(source), para que o reconhecimento seja mais exato

- **Escuta de áudio**: O sistema ouve a entrada do microfone durante 15 segundos utilizando recognizer.listen(source, timeout=15)

Conversão de voz para texto

Uma vez captado o áudio, este é transmitido ao motor de reconhecimento de voz da Google para converter o discurso em texto

```python
try:
    print("Understanding your voice... Please wait.")
    return recognizer.recognize_google(audio)
except sr.UnknownValueError:
    print("Sorry, I could not understand the words.")
    return None
except sr.RequestError as e:
    print(f"Could not request results from Google Speech Recognition service; {e}")
    return None
```

Fig 4.2Conversão de voz para texto

- **Reconhecimento de fala do Google**: O método recognizer.recognize_google(audio) envia o áudio para a API do Google para processamento. Se o sistema conseguir compreender o discurso, devolve o texto transcrito

- **Tratamento de erros**: Se o discurso não for reconhecido, é apresentado um erro de valor desconhecido. Se houver um problema com a ligação à API do Google, é apresentado um Erro de pedido

Geração de código ou saída com base no comando de voz

Assim que o texto é capturado do comando de voz, a função fetch_voice_data() é invocada para analisar o comando reconhecido e efetuar consultas à base de dados. O texto reconhecido é dividido em palavras individuais e o programa tenta encontrar resultados associados na base de dados MongoDB

Fig 4.3Geração de código ou saída com base no comando de voz

- **Consulta à base de dados**: A função fetch_voice_data() percorre cada palavra no comando de voz reconhecido e consulta o MongoDB para ver se essa palavra está armazenada na coleção specialprojects. Tenta obter os "caracteres" associados a cada palavra

- **Geração de resultados**: Se for encontrada uma correspondência, são devolvidos os caracteres correspondentes. Se não for encontrada nenhuma correspondência, o sistema informa o utilizador de que a palavra não foi encontrada na base de dados

- **Guardar a saída em ficheiro:** Depois de a saída ser gerada a partir do comando de voz e das consultas MongoDB, é guardada num ficheiro

```python
def save_to_notepad(text, file_path="output.py"):
    with open(file_path, "a") as f:
        f.write(text + "\n")
```

Fig 4.4Salvando a saída para o arquivo

Isto assegura que a saída também é registada num ficheiro (output.py), permitindo um registo persistente das interações

4.2 Integração e do MongoDB

A MongoDB desempenha um papel crucial no armazenamento dos dados que a aplicação consulta com base nos comandos de voz. A base de dados armazena mapeamentos entre palavras e os seus "caracteres" correspondentes (que podem representar código ou dados associados)

```python
try:
    client = MongoClient('mongodb://localhost:27017/')
    db = client.specialproject
    voice_collection = db.specialprojects
except Exception as e:
    print(f"Error connecting to MongoDB: {e}")
    exit(1)
```

Fig 4.5Integração e consultas do MongoDB

- **Cliente MongoDB**: O código estabelece uma conexão com uma instância local do MongoDB (localhost:27017) e tenta acessar um banco de dados chamado projeto especial

- **Acesso à coleção**: Acede então à coleção de projectos especiais onde estão armazenadas as palavras e os caracteres correspondentes

Obtenção de dados do MongoDB

A função fetch_voice_data() é responsável pela consulta da base de dados

```
result = voice_collection.find_one({"string": word})
```

Fig **4.6** Obtenção de dados do MongoDB:

- **Consulta à MongoDB**: Para cada palavra no comando de voz reconhecido, o sistema consulta a MongoDB para encontrar um documento em que a cadeia de campos corresponda à palavra. Se for encontrada uma correspondência, é devolvido o campo de caracteres correspondente

- **Tratamento de erros**: Se não for encontrado nenhum resultado para uma determinada palavra, é anexada uma mensagem para informar o utilizador de que a palavra não foi encontrada

Estrutura do documento MongoDB:

Partindo do princípio de que os documentos MongoDB estão estruturados da seguinte forma:

```json
{
    "string": "example",
    "characters": "print('Hello World!')"
}
```

Fig 4.7Estrutura do documento MongoDB

Aqui, a cadeia de caracteres contém uma palavra ou frase que o sistema irá reconhecer a partir da entrada de voz, e os caracteres contêm o código Python associado ou os dados a serem emitidos

4.3 Tratamento e da saída da página Web

Uma vez processado o comando de voz e gerada a saída, esta tem de ser apresentada ao utilizador através de uma interface Web. Isto é feito utilizando **o Flask**, uma estrutura Web em Python

Configuração do frasco

A aplicação Flask é executada na porta 5000 e serve uma única página para mostrar o resultado

```python
@app.route('/')
def home():
    return render_template("index.html", output=output_text)
```

Fig 4.8 Configuração do frasco

- **Rota do Flask**: A rota raiz (/) processa o modelo index.html, passando o texto de saída como uma variável (output_text), que será apresentada na página Web

Apresentação de páginas Web (HTML e JavaScript)

- A página HTML utiliza uma combinação de CSS e JavaScript para apresentar os resultados num formato de fácil utilização

  - **Roda giratória**: Enquanto a saída está a ser obtida e processada, é apresentado um spinner para indicar que o sistema está a funcionar.

  - **Exibindo a saída**: Quando a saída estiver pronta, ela é injetada no HTML usando JavaScript:

```javascript
function showOutput(output) {
    document.getElementById('outputText').innerText = output;
    document.getElementById('outputText').style.display = 'block';
    document.getElementById('spinner').style.display = 'none';
}
```

Fig **4.9**Exibição da página **da Web** (HTML e JavaScript)

Pedido AJAX: Quando a página é carregada, espera alguns segundos e envia um pedido AJAX ao servidor (/get-output) para obter o resultado

```javascript
setTimeout(() => {
    fetch('/get-output')
        .then(response => response.text())
        .then(data => showOutput(data));
}, 5000);
```

Fig4.10Página **Web** para apresentar o código Java Script

4.9 Pedido AJAX:

Esta função vai buscar a saída e apresenta-a na página depois de o spinner desaparecer

Injeção dinâmica de dados

A variável output_text é passada do Flask para o modelo e exibida no seguinte bloco HTML

```html
<h3 id="outputText">{{ output }}</h3>
```

Fig4.11 texto de saída

Isto permite a apresentação dinâmica dos resultados gerados pelo comando de voz e pelo processo de consulta MongoDB

Lançamento do navegador Web

Finalmente, depois de processar a entrada de voz e gerar o resultado, a aplicação Flask é iniciada e o navegador Web predefinido é aberto para mostrar os resultados

Fig4.11Lançamento do navegador Web

Isto assegura que o utilizador vê imediatamente o resultado no seu browser depois de dizer o comando.

Capítulo 5

Instalação

5.1 Configuração de dependências e

Antes de executar a aplicação de reconhecimento de voz, é necessário configurar o ambiente de desenvolvimento e instalar as bibliotecas necessárias. Esta secção abrange os passos para instalar e configurar o software necessário

5.1.1

Antes de começar, certifique-se de que tem o seguinte software instalado no seu sistema

Python (versão 3.x)

a. O Python é necessário para executar a aplicação. Pode descarregar e instalar a versão mais recente do Python a partir do sítio Web oficial do Python

b. Após a instalação, verifique a instalação executando o seguinte comando no terminal ou na linha de comandos

Fig 5.1Python

Isto deve imprimir a versão do Python instalada no seu sistema

MongoDB (versão 4.x ou posterior)

- A MongoDB é a base de dados NoSQL utilizada para armazenar e recuperar os dados associados aos comandos de voz

- Siga o guia de instalação do MongoDB para o seu sistema operativo (Windows, macOS ou Linux)

- Após a instalação, inicie o serviço MongoDB executando o seguinte comando (poderá necessitar de privilégios administrativos, dependendo do seu sistema)

Fig5.2 Mongodb

Para verificar a instalação, abra uma nova janela de terminal e digite:

Fig5.3: Mongo

5.1.2 Criar um virtual

Recomenda-se a utilização de um ambiente virtual para gerir as dependências do projeto. Para criar e ativar um ambiente virtual

1. **Crie um ambiente virtual**: No terminal ou na linha de comandos, navegue para o diretório onde pretende armazenar o projeto e execute

Fig5.4 Criar um virtual

Ativar o ambiente **virtual**

- No Windows

Fig5.5 Ativar o ambiente virtual

5.1.3 Instalar as Python necessárias

Com o ambiente virtual ativado, instale as bibliotecas necessárias para este projeto usando pip. As bibliotecas necessárias são

1. **Flask** - Uma estrutura de aplicação Web WSGI leve utilizada para servir as páginas Web

2. **SpeechRecognition** - Uma biblioteca para converter discurso em texto utilizando vários motores de reconhecimento de discurso

3. **PyMongo** - Um driver Python para MongoDB que permite que aplicativos Python interajam com bancos de dados MongoDB

4. **Webbrowser** - Um módulo utilizado para abrir a aplicação Web no browser depois de processar o comando de voz

Para instalar todas as bibliotecas necessárias, execute o seguinte comando no terminal

Fig5.6 Instalar as Python necessárias

5.1.4 Executar a

Quando as bibliotecas necessárias estiverem instaladas, pode executar a aplicação Flask

1. Abra o seu terminal no diretório do projeto (onde se encontram os seus ficheiros Python)

2. Executar a aplicação através da execução

Fig5.7 Aplicação em execução

3. A aplicação deve agora estar a ser executada em
   http://127.0.0.1:5000/. O aplicativo Flask será aberto
   automaticamente no seu navegador da Web padrão

5.2 Instalar as de reconhecimento de fala

Uma das principais caraterísticas desta aplicação é a funcionalidade de reconhecimento de voz, que é implementada utilizando a biblioteca SpeechRecognition. Esta secção explica como instalar as bibliotecas necessárias e configurar o microfone para a conversão de voz para texto.

5.2.1 Instalar o de voz

Para instalar a biblioteca de reconhecimento de fala, que fornece a funcionalidade para converter palavras faladas em texto, utilize o seguinte comando

Fig5.8 instalar o reconhecimento de voz

5.2.2 Instalar o PyAudio (opcional para entrada de áudio

A biblioteca SpeechRecognition requer PyAudio para aceder à entrada do microfone. Se ainda não estiver instalado, pode instalá-lo com o seguinte comando

Fig5.9 instalar o Pyaudio

No caso de encontrar problemas com a instalação do PyAudio (especialmente no Windows), poderá ter de instalar manualmente a versão correta. Por exemplo, pode descarregar uma versão pré-compilada do PyAudio

Fig5.10 descarregar um PyAudio pré-compilado

5.2.3 Configurar o microfone para de voz

A biblioteca SpeechRecognition requer acesso a um microfone para capturar a entrada de áudio. Certifique-se de que tem um microfone devidamente configurado e que este está definido como o dispositivo de gravação predefinido no seu sistema. Pode testar o microfone gravando uma amostra de áudio utilizando qualquer aplicação de gravação de voz ou utilizando Python

```python
import speech_recognition as sr

recognizer = sr.Recognizer()
with sr.Microphone() as source:
    print("Say something!")
    audio = recognizer.listen(source)
    print("Recognized speech:", recognizer.recognize_google(audio))
```

Fig5.11 Configurar o microfone para reconhecimento de voz

Se tudo estiver a funcionar corretamente, o script deve reconhecer o seu discurso e imprimir o texto reconhecido

5.2.4 Testar o de voz

Assim que o microfone estiver configurado, pode testar a funcionalidade de reconhecimento de voz no seu projeto. Quando executar a aplicação, o microfone será ativado e o programa ouvirá a sua entrada de voz. Pode dizer algo e o programa reconhecerá o discurso, consultará o MongoDB para obter as informações correspondentes e apresentará os resultados na página Web

Capítulo 6

Funcionalidade

Este capítulo fornece uma visão aprofundada de como cada componente do projeto Voice-to-Code funciona em conjunto para permitir o reconhecimento de comandos de voz, a geração de código e a apresentação de resultados. A funcionalidade está dividida em três fases principais: Reconhecimento de comandos e interação com a base de dados, Geração e execução de códigos e Integração de apresentação e saída de páginas Web.

O projeto "Voice-to-Code for Python Programming Language" foi concebido para permitir aos utilizadores converter comandos de voz diretamente em código Python, executar o código e visualizar os resultados numa interface Web. Este sistema é particularmente valioso para os utilizadores que procuram simplificar os processos de codificação através da tecnologia de reconhecimento de voz, automatizando os passos desde o reconhecimento do comando até à execução do código. A funcionalidade deste projeto está dividida em três áreas principais:

Tarefa 1: Reconhecimento de comandos e interação com a base de dados

No projeto Voz para Código para a Linguagem de Programação Python, o Reconhecimento de Fala e a Interação da Base de Dados são fundamentais para traduzir comandos falados em código Python executável. Esta secção explica como as instruções faladas são interpretadas, analisadas e transformadas em sintaxe Python utilizando uma base de dados de palavras-chave predefinidas.

Processo de reconhecimento de voz

1. **Entrada de voz e conversão de voz em texto:**
   - O utilizador diz um comando, que é captado pelo sistema.
   - O módulo de reconhecimento de voz processa esta entrada de áudio e converte-a em texto. Por exemplo, se o utilizador disser "print op se hello cp", o texto reconhecido é passado para processamento posterior.
2. **Análise e Tokenização:**
   - O texto reconhecido é analisado em tokens individuais, como "print", "op", "se", "hello" e "cp".
   - O analisador identifica as principais palavras-chave ("print") e marcadores específicos ("op", "se", "cp") que fornecem o significado estrutural do comando.

Diagrama para reconhecimento de comandos e interação com bases de dados:

Aqui está um esboço de alto nível do diagrama:

- Entrada de comandos de voz: O utilizador fala para o microfone → Entrada de áudio.
- Módulo de reconhecimento de voz: Converte a fala em texto → print op se hello cp.
- Analisador: Decompõe o texto em palavras-chave e marcadores.
- Consulta à base de dados (MongoDB):

Procura na base de dados por correspondências: print → print(, op → (, se → espaço, hello → "hello", cp →).

- Módulo de construção de códigos:
  o Monta o código Python a partir dos componentes → print("hello").

Execução e visualização:

  o Executa o ficheiro .py e apresenta o resultado na interface Web.

Esta abordagem não só automatiza a geração de código Python, como também permite aos utilizadores programar por voz, melhorando a acessibilidade e simplificando o processo de codificação.

Trecho de código para a função de reconhecimento de voz:

```python
def recognize_voice():
    recognizer = sr.Recognizer()
    with sr.Microphone() as source:
        print("Adjusting for ambient noise... Please wait.")
        recognizer.adjust_for_ambient_noise(source)
        print("Now say whatever you want to say... (You have 15 seconds)")

        try:
            audio = recognizer.listen(source, timeout=15)
        except sr.WaitTimeoutError:
            print("Listening timed out while waiting for phrase to start.")
            return None

    try:
        print("Understanding your voice... Please wait.")
        return recognizer.recognize_google(audio)
    except sr.UnknownValueError:
        print("Sorry, I could not understand the words.")
        return None
    except sr.RequestError as e:
        print(f"Could not request results from Google Speech Recognition service; {e}")
        return None
```

Figura 6.1 : Reconhecimento de voz

Etapas detalhadas :

1. **Processamento de áudio:**

   a. Depois de o comando de voz ser captado, a aplicação envia os dados de áudio para a API de reconhecimento. Este processo é encapsulado num bloco try-except para tratar potenciais excepções durante o reconhecimento.

2. **Reconhecer o discurso:**

   a. O método principal utilizado para o reconhecimento de voz é recognizer.recognize_google(audio).

   b. Interação API: Os dados de áudio são enviados para os servidores da Google, onde são processados para produzir uma representação de texto das palavras faladas.

   c. Tratamento da resposta: Se o reconhecimento for bem sucedido, o texto reconhecido é devolvido. Se houver um problema (por exemplo, erro de rede, discurso não reconhecido), a aplicação trata estas excepções de forma elegante, fornecendo feedback ao utilizador.

3. **Tratamento de erros:**

   a. A função foi concebida para capturar excepções comuns, tais como:

      i. sr.UnknownValueError: É ativado quando a API não consegue compreender o discurso. A aplicação informa o utilizador, pedindo-lhe que tente novamente.

      ii. sr.RequestError: Levantado devido a problemas de conetividade com o serviço de reconhecimento de voz da Google. A aplicação pode sugerir a verificação da ligação à Internet.

Considerações

- **Precisão:** A precisão do reconhecimento de voz pode variar com base em factores como o sotaque, a pronúncia e o ruído de fundo. São necessários testes e aperfeiçoamentos contínuos para melhorar a experiência do utilizador.
- **Suporte de idiomas:** A API de reconhecimento de voz do Google suporta vários idiomas, o que pode ser uma vantagem significativa se a aplicação for utilizada em ambientes multilingues.

Integração de bases de dados :

No projeto "Voice-to-Code", a interação com a base de dados desempenha um papel fundamental na ligação entre o sistema de reconhecimento de voz e a geração de código Python executável. O objetivo é receber comandos de voz do utilizador, procurar palavras-chave ou frases correspondentes numa base de dados e gerar código Python que possa ser executado para mostrar resultados em tempo real.

Interação com a base de dados no projeto Voice-to-Code

1. Armazenamento de comandos na base de dados

Quando um utilizador diz um comando, o sistema de reconhecimento de voz começa por processar a entrada de áudio e converte-a em texto. O comando reconhecido é então dividido em palavras ou frases individuais. Cada uma destas palavras é comparada com uma base de dados existente para identificar se existe um valor correspondente (como uma ação, código ou variável). Por exemplo, o comando "print op cp" seria dividido em três palavras: "print," "op," e "cp."

- As palavras "op" e "cp" seriam procuradas na base de dados para obter valores associados (por exemplo, operações matemáticas ou comandos predefinidos).
- Cada palavra é tratada como uma entidade separada, e a base de dados é consultada para cada uma delas para obter um valor correspondente que pode ser um pedaço de código, uma função ou uma variável.

3. Base de dados MongoDB

O projeto utiliza o MongoDB como sistema de gestão de bases de dados. O MongoDB é um banco de dados NoSQL, o que significa que armazena dados em um formato flexível, semelhante ao JSON. Cada palavra ou frase reconhecida no comando do utilizador teria uma entrada correspondente na base de dados com um identificador único (ID). Por exemplo:

- Estrutura da base de dados de comandos:
  - Palavra: "op"
    - Valor: "+" (Isto pode representar o operador de adição em Python)
  - Palavra: "cp"
    - Valor: "Olá, mundo!" (Este pode ser o texto a ser impresso)

3. Reconhecimento de comandos e consulta de bases de dados

Depois de o comando ser convertido em texto, é dividido em palavras individuais. De seguida, o sistema itera sobre cada palavra e consulta a base de dados MongoDB para obter o valor associado. Se a palavra for reconhecida, o valor correspondente é anexado a um script Python em tempo real.

Por exemplo, o comando "print op cp" seria processado da seguinte forma:

- Comando dividido em palavras: ["print", "op", "cp"]
- A palavra "print" acciona a funcionalidade de impressão em Python.
- A palavra "op" é pesquisada na base de dados e o resultado é "+".
- A palavra "cp" também é pesquisada na base de dados e o resultado é "Hello, world!".

O resultado gerado por este processo pode ser:

print("Olá, mundo!" + 5)

Este script é gerado dinamicamente e, assim que o ficheiro Python é criado, é executado automaticamente.

5. Fluxo de dados na interação com bases de dados

1. Entrada do utilizador (comando de voz): O utilizador diz um comando (por exemplo, "print op cp").
2. Reconhecimento de voz: O sistema de conversão de voz em texto converte o áudio numa cadeia de texto.
3. Divisão de comandos: O sistema divide o texto em palavras individuais.
4. Consulta à base de dados: Para cada palavra, é efectuada uma consulta à base de dados MongoDB para obter o valor correspondente.
5. Geração de código: Os valores recuperados da base de dados são anexados para formar um script Python válido.
6. Execução: O código Python gerado é executado e o resultado é apresentado na interface Web.

6. Vantagens do MongoDB para este projeto

- Flexibilidade: A natureza sem esquema do MongoDB permite que o sistema armazene comandos e seus valores sem estruturas de dados rígidas.
- Escalabilidade: À medida que o projeto se expande, podem ser facilmente adicionados mais comandos sem reestruturar toda a base de dados.
- Recuperação rápida: A MongoDB permite uma consulta eficiente, garantindo que os comandos são rapidamente correspondidos com as acções correspondentes.

7. Exemplo de estrutura de base de dados MongoDB

{

```json
    "_id": ObjectId("12345"),

    "palavra": "op",

    "valor": "+"

  },
{

  "_id": ObjectId("67890"),

   "palavra": "cp",

   "valor": "'Olá, mundo!'"

}
```

Esta estrutura armazena cada palavra com um identificador único e o seu código ou valor Python associado. Durante o processo de reconhecimento, o sistema consulta esta estrutura para ir buscar os valores relevantes.

Diagrama: Fluxo de reconhecimento de fala e interação com a base de dados

1. O utilizador fala o comando (por exemplo, "print op cp")
2. Conversão de fala para texto: Reconhecido como "print op cp"
3. Consulta da base de dados:
    - Palavra de consulta "imprimir" (Ação reconhecida)
    - Consultar a palavra "op" (Recuperar o operador "+")
    - Palavra de consulta "cp" (Recuperar o valor "'Olá, mundo!'")

4. Geração de código: O código print("Hello, world!" + 5) é gerado.

5. Execução: O código gerado é executado num ambiente Python e o resultado é apresentado na interface Web.

Diagrama : Reconhecimento de comandos e interação com a base de dados

Voz do utilizador➜ Speech-to-Text➜ Pesquisa MongoDB➜ Comandos agregados➜ Linha de código Python

Esta é uma descrição detalhada de como o reconhecimento de comandos e a interação com a base de dados funcionam no projeto Voice-to-Code. Garante que os comandos de voz são corretamente reconhecidos, processados e traduzidos em código executável com base nos valores armazenados na base de dados.

Tarefa 2 : Geração de código e execução de ficheiro Python

No projeto **Voice-to-Code**, a tarefa de **Geração de Código e Execução de Ficheiro Python** centra-se na conversão dos comandos de voz reconhecidos em código Python executável, guardando este código como um ficheiro Python, executando-o e apresentando o resultado numa interface Web. Esta tarefa é essencial para fornecer aos utilizadores a capacidade de utilizar comandos de voz para gerar e executar diretamente código Python.

Visão geral do processo

Quando um utilizador diz um comando (por exemplo, "print op cp"), o sistema executa os seguintes passos:

1. **Reconhecimento de voz**: A entrada de voz é processada através do sistema de reconhecimento de voz, convertendo-a em texto (por exemplo, "print op cp").

2. **Análise de comandos e pesquisa na base de dados**: O comando de texto é dividido em palavras ou frases individuais. Cada palavra é então comparada com as entradas correspondentes na base de dados. Estas entradas podem ser palavras-chave, funções ou expressões predefinidas que são mapeadas para os seus equivalentes Python.

3. **Geração de código Python**: Assim que o comando é reconhecido e processado, o sistema gera um trecho de código Python válido com base nos valores mapeados. Por exemplo, "print" pode ser mapeado para uma função de impressão em Python, enquanto "op" pode representar um operador como +, e "cp" pode corresponder a uma string como "Hello, World!".

4. **Guardar o código gerado**: O código Python gerado é depois guardado num ficheiro .py, o que permite que seja executado como um script Python autónomo.

5. **Executar o código Python**: O script Python é executado automaticamente. A execução do código tem lugar no backend e quaisquer resultados ou erros gerados pelo script são capturados.

6. **Exibindo a saída**: Finalmente, a saída do código Python executado é capturada e apresentada em tempo real numa interface Web. Isto permite ao utilizador ver o resultado do seu comando de voz diretamente na página Web.

Repartição pormenorizada das etapas

1. **Reconhecimento de voz**: O sistema começa por ouvir o comando de um utilizador utilizando um microfone. Uma vez captada a voz, esta é convertida em texto utilizando um motor de conversão de voz em texto. Este texto serve de entrada para os passos seguintes.

2. **Análise de comandos e pesquisa na base de dados**: O discurso reconhecido é analisado em palavras individuais, cada uma representando uma ação ou valor. Estas palavras são depois pesquisadas na base de dados para encontrar os seus valores correspondentes, que podem ser funções Python predefinidas, operadores ou expressões. Por exemplo, "print" pode mapear para a função print() em Python, "op" pode representar um operador aritmético (como +) e "cp" pode ser um valor armazenado, como uma cadeia ou um número. Este passo assegura que cada parte do comando é corretamente interpretada e mapeada para código executável.

3. **Geração de código Python**: Depois de recuperar os valores
   correspondentes da base de dados, o sistema gera um fragmento
   de código Python. Os valores da base de dados são combinados
   numa expressão ou instrução Python válida. Por exemplo, se o
   comando reconhecido for "print op cp", o sistema pode gerar o
   código:

   Python:

   print("Hello, World!" + 5)

Figura 6.2 Guardar o comando num ficheiro

A geração de código é dinâmica e garante que as palavras reconhecidas
do comando de voz são corretamente traduzidas para a sintaxe Python.

4. **Guardar o código gerado**: Depois de o código ser gerado, é
   guardado num ficheiro Python com uma extensão .py (por
   exemplo, código_gerado.py). Guardar o código como um
   ficheiro Python é essencial porque permite que o script seja
   executado numa fase posterior. Este passo assegura que o código
   gerado está disponível para execução.

5. **Executar o código Python**: Depois de guardar o código num ficheiro Python, o passo seguinte é executar o script Python. Isso é feito executando o arquivo .py gerado em um processo Python separado. A execução ocorre nos bastidores, sem necessidade de intervenção manual do utilizador. Isto permite que o sistema execute automaticamente o código gerado e capture quaisquer resultados ou erros produzidos pelo script.

6. **Exibir a saída**: Uma vez executado o script Python, a saída (quer seja o resultado da execução do código ou quaisquer erros) é capturada pelo sistema. A saída é então enviada para a interface Web para visualização em tempo real. O utilizador pode ver o resultado do seu comando de voz diretamente na página Web, fornecendo um feedback imediato sobre a sua ação.

Elementos-chave do processo

- **Reconhecimento de comandos de voz**: O comando de voz deve ser convertido com precisão em texto, garantindo que o sistema compreende a intenção do utilizador.

- **Pesquisa na base de dados**: Uma parte crucial deste processo é a capacidade de procurar palavras numa base de dados para obter os valores correspondentes. Isto garante que o código Python gerado é exato e relevante.

- **Geração de código dinâmico**: O sistema tem de combinar de forma inteligente as palavras reconhecidas e os valores da base de dados num código Python sintaticamente correto.

- **Execução de código**: A capacidade de executar o código Python gerado é o núcleo desta funcionalidade, uma vez que permite que o comando de voz tenha um efeito real.

- **Saída em tempo real**: A saída do código Python executado é apresentada na interface Web, permitindo ao utilizador ver imediatamente o resultado da sua ação.

Desafios na geração e execução de códigos:

- **Tratamento de comandos complexos**: Os comandos de voz podem ser complexos, e o reconhecimento de comandos com várias partes ou comandos com sintaxe especial pode ser um desafio. A análise adequada e a pesquisa na base de dados são cruciais para garantir que é gerado o código Python correto.

- **Preocupações de segurança**: A execução automática de código Python gerado a partir da entrada do utilizador pode representar riscos de segurança se não for tratada corretamente. O sistema tem de garantir que apenas são executados comandos seguros e válidos, especialmente quando se interage com bases de dados ou ambientes externos.

- **Tratamento de erros**: Se houver um erro no código gerado (por exemplo, erros de sintaxe ou erros de tempo de execução), o sistema tem de tratar esses erros de forma graciosa e fornecer um feedback útil ao utilizador.

Experiência do utilizador e casos de utilização de aplicações

Esta funcionalidade transforma a forma como os utilizadores podem interagir com uma linguagem de programação. Em vez de escrever manualmente código Python, os utilizadores podem simplesmente dizer comandos e o sistema gera e executa o código por eles. Isto pode ser especialmente útil em aplicações como:

- **Ambientes de aprendizagem**: Ajudar os principiantes a aprender Python, permitindo-lhes interagir com a linguagem através de comandos de voz.
- **Acessibilidade**: Proporcionar uma forma alternativa de os utilizadores com deficiências físicas interagirem com o código sem terem de escrever.
- **Programação mãos-livres**: Permite a codificação em modo mãos-livres, o que pode ser útil em situações em que as mãos do utilizador estão ocupadas com outras tarefas (por exemplo, codificar enquanto cozinha ou conduz).

O processo de **Geração de Código e Execução de Ficheiros Python** no projeto **Voice-to-Code** permite aos utilizadores gerar e executar código Python dinamicamente utilizando comandos de voz. A integração do reconhecimento de voz com a geração e execução de código cria um sistema intuitivo e eficiente para interagir com linguagens de programação. Ao processar a entrada de voz, consultar uma base de dados, gerar código, executá-lo e apresentar o resultado numa interface Web, o sistema proporciona uma experiência de utilizador perfeita para a programação mãos-livres.

Tarefa 3: Integração de saída e exibição de página da Web

Com certeza! A integração de saída e visualização da página Web é uma parte essencial do projeto Voice-to-Code, uma vez que serve como interface de utilizador que apresenta os resultados da execução em tempo real e interage com o utilizador durante cada fase do processo voice-to-code. Esta secção irá aprofundar cada etapa e descrever como a interface Web consegue apresentar os resultados de forma dinâmica, assegurando um feedback suave e claro para o utilizador.

1. Visão geral da interface Web

A interface Web foi concebida para ser um ecrã central para todos os comentários e resultados gerados pela aplicação. Depois de um utilizador dar comandos, a interface capta essas respostas, apresenta os resultados da execução do código e fornece opções para uma maior interação.

Objectivos principais da interface Web:

- Para mostrar os resultados em tempo real dos comandos executados.
- Assegurar que os resultados são apresentados de forma clara e fácil de utilizar.
- Permitir uma interação contínua, orientando o utilizador para que diga novos comandos ou conclua uma sessão.

2. Componentes da interface Web

Secção de visualização de comandos

- Objetivo: Esta secção da página Web apresenta o comando mais recente proferido pelo utilizador. Funciona como um registo dos comandos do utilizador, para que este possa ver quais os comandos que foram reconhecidos e processados.
- Implementação: Pode ser uma caixa de texto ou um campo de visualização que se actualiza automaticamente com cada novo comando de voz.
- Benefícios: Permite que os utilizadores verifiquem se os seus comandos foram corretamente reconhecidos e interpretados pelo sistema antes de a execução ter lugar.

Ecrã de saída de execução

- Objetivo: A função principal da interface Web é apresentar o resultado gerado por cada comando. Quer se trate da saída de texto de uma instrução de impressão ou dos resultados de um cálculo, esta área fornece aos utilizadores um feedback sobre os seus comandos falados.
- Actualizações em tempo real: Assim que um comando é executado, o ecrã de saída é atualizado para mostrar os resultados mais recentes, mantendo o utilizador informado e empenhado.
- Mensagens de tratamento de erros: Se houver um problema com a execução de um comando, como um erro de sintaxe ou um comando em falta, a interface mostra uma mensagem de erro de fácil utilização. Esta mensagem ajuda o utilizador a compreender e a corrigir a sua introdução.

Secção do histórico de comandos

- Objetivo: Esta secção mantém um registo de todos os comandos executados anteriormente e dos respectivos resultados na sessão atual.

- Implementação: Pode ser utilizado um painel com deslocação ou uma lista rebatível para apresentar cada comando e o respetivo resultado. Cada entrada pode incluir um carimbo de data/hora para ajudar a registar o histórico de comandos.

- Vantagens: Os utilizadores podem rever comandos anteriores sem terem de os repetir. Fornece um contexto útil, especialmente para sessões mais longas em que vários comandos são executados sequencialmente.

4. Mecanismo de feedback em tempo real

Atualização automática com AJAX ou WebSockets

- Execução em tempo real: Para obter feedback em tempo real, a aplicação utiliza técnicas assíncronas como AJAX ou WebSockets para atualizar a interface imediatamente após a execução de cada comando.

- Experiência do utilizador sem problemas: Esta configuração elimina a necessidade de o utilizador atualizar manualmente a página ou esperar, assegurando um fluxo contínuo de informações do backend (onde o código é executado) para o front end (onde os resultados são apresentados).

Visualização dinâmica de erros

- Mensagens de erro: A interface está configurada para detetar e tratar eficazmente os erros de execução. Se um comando for mal interpretado ou não for executado corretamente, a página Web apresenta uma mensagem clara que explica o problema (por exemplo, "Erro de sintaxe no comando: tente novamente").

- Realce de comandos incorrectos: A interface pode destacar ou assinalar a vermelho os comandos incorrectos, ajudando os utilizadores a compreender qual a entrada específica que causou o problema.

4. Caraterísticas interactivas para o envolvimento do utilizador

Pedido de comandos adicionais

- Solicitaçõcs intcractivas: Após a apresentação de cada resultado, a interface pede ao utilizador que forneça um novo comando ou indica a opção de encerrar a sessão. Este aviso incentiva a interação contínua e faz com que o utilizador se sinta guiado ao longo do processo.
- Exemplo: Depois de executar o comando atual, pode ser mostrada uma mensagem como "Diga o seu próximo comando ou diga 'exit' para terminar", mantendo o utilizador informado sobre como proceder.

Opções para a gestão de sessões

- Iniciar, Parar e Repor: A interface Web permite aos utilizadores iniciar uma nova sessão, parar a gravação de comandos ou repor o histórico de comandos. Isto assegura que os utilizadores têm controlo total sobre cada sessão.

- Confirmação de fim de sessão: Quando um utilizador decide terminar a sessão, pode ser apresentada uma mensagem de confirmação ou um aviso para confirmar a sua decisão.

Indicadores visuais do estado de escuta

- Indicador de escuta: Quando o sistema está a ouvir ativamente a entrada de voz, a interface Web apresenta um indicador visual (por exemplo, um ícone de microfone a ficar verde) para garantir aos utilizadores que os seus comandos estão a ser gravados.
- Estado de execução: Durante a execução do código, um pequeno indicador de carregamento ou barra de estado mostra que o comando está a ser processado, o que impede os utilizadores de darem comandos adicionais até que o atual esteja concluído.

5. Aspectos técnicos da integração de ecrãs

Fluxo de dados backend-frontend

- Obtenção e visualização de dados: Depois de um comando ser reconhecido e processado no backend, a saída resultante é enviada de volta para o front end. Isto pode ser conseguido através de APIs RESTful ou WebSockets, dependendo dos requisitos em tempo real da aplicação.
- Estrutura de dados: Cada comando e respectiva saída são estruturados como objectos JSON para garantir que os dados são formatados de forma consistente quando apresentados na página Web.

Execução de código e captura de saída

- Capturando a saída padrão: O backend captura a saída de cada ficheiro Python executado e transfere-a para o front end. Isso inclui não apenas resultados bem-sucedidos, mas também mensagens de erro se um comando falhar.

- Integração da interface Web: A saída capturada é formatada no backend e enviada para o front end, onde é apresentada numa secção designada para facilitar a leitura.

Deslocação e focagem automáticas

- Função de deslocação: Se se acumular um grande número de comandos e saídas, a interface pode deslocar-se automaticamente para a entrada mais recente para garantir que o utilizador vê sempre o resultado mais recente.

- Gestão do foco: Sempre que um comando é executado, a interface muda o foco para o ecrã de saída, mantendo a atenção do utilizador no resultado do comando em vez de exigir navegação manual.

6. Exemplo de fluxo de utilizadores na interface Web

Vejamos como funcionaria um fluxo de utilizador típico do início ao fim:

a) Iniciar uma sessão: O utilizador visita a interface Web e inicia uma nova sessão através de um comando como "iniciar sessão".

b) Reconhecimento de comandos de voz: Quando o utilizador diz o seu comando, a interface Web apresenta-o na secção de visualização de comandos para que o utilizador confirme o que foi reconhecido.

c) Execução em tempo real: O backend processa o comando, gera código e executa-o, enviando depois o resultado para a interface Web.

d) Exibição de resultados: O resultado é apresentado no ecrã Execution Output Display, mostrando exatamente o que o comando produziu (por exemplo, uma mensagem impressa, um valor calculado).

e) Tratamento de erros: Se o comando falhar, é imediatamente apresentada uma mensagem de erro (por exemplo, "Sintaxe inválida: tente novamente") no ecrã de saída da execução.

f) Interação contínua: A interface pede ao utilizador para continuar, dizendo outro comando ou terminando a sessão.

g) Terminar a sessão: Quando o utilizador diz "sair" ou conclui a sua tarefa, a interface confirma o fim da sessão e guarda o histórico para referência futura, se necessário.

7. Diagrama da integração da saída e do ecrã da página Web

Para visualizar esta configuração, imagine a seguinte estrutura:

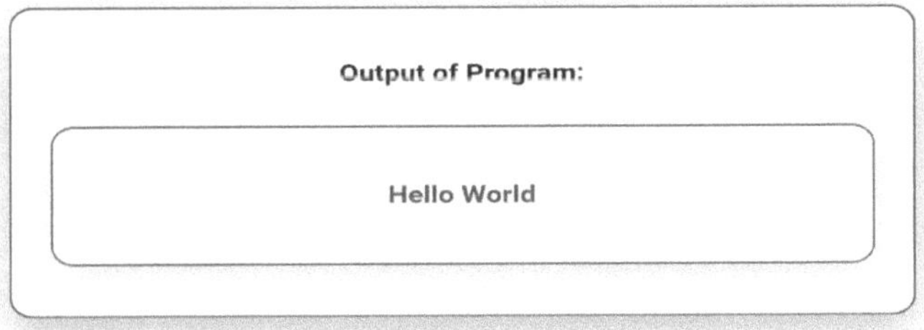

Figura 6.3 : Saída da página Web

- **Ecrã de reconhecimento de comandos:**

Figura 6.4: Reconhecimento de voz

- o Secção superior, que apresenta o último comando
  reconhecido.
- Ecrã de saída de execução:
  - o Secção central, mostrando a saída em tempo real de cada
    comando executado.
- Histórico do comando:
  - o Secção percorrível ao lado ou na parte inferior, mostrando
    um histórico de todos os comandos com carimbos de
    tempo e saídas.

Esta integração garante que os utilizadores têm todas as informações necessárias prontamente disponíveis num relance, tornando a interação suave, eficiente e fácil de utilizar.

A integração de saída e visualização de páginas Web reúne todos os componentes do projeto Voice-to-Code, fornecendo feedback em tempo real , resultados fáceis de ler e uma interface clara para interação contínua. Ao captar os comandos falados pelo utilizador, interpretar e executar o código e apresentar os resultados em tempo real, a interface Web torna-se um meio interativo e reativo que torna a codificação por voz não só possível, mas também intuitiva e eficiente.

Capítulo 7 - Utilização

Para o projeto Voice-to-Code for Python Programming Language, a secção Usage fornece uma visão geral de como utilizar o sistema, guiando os utilizadores através de cada passo da transformação de comandos de voz em código Python executável. Esta secção destaca o processo de interação com o utilizador, incluindo o reconhecimento de comandos de voz, a recuperação da base de dados para mapeamento de palavras-chave e a execução final.

Descrição da utilização:

1. **Iniciar a aplicação:**
   - O utilizador inicia a aplicação, normalmente através de um comando ou lançando o programa no ambiente de desenvolvimento integrado (IDE) utilizado para o desenvolvimento. Uma vez iniciada, a aplicação prepara o sistema para aceitar a entrada de voz, configurando os recursos necessários para o reconhecimento de voz, a conetividade da base de dados e a gestão de ficheiros.

2. **Fornecer comandos de voz:**
   - Os utilizadores interagem com o sistema falando comandos de voz específicos para o microfone. Estes comandos podem seguir um formato semelhante a instruções de programação, como "print open square bracket 'Hello World' close square bracket".

o   A aplicação utiliza uma API de reconhecimento de voz
    para capturar e transcrever os comandos falados,
    transformando-os em dados textuais que podem ser
    processados para a geração de código.

3. Reconhecimento de fala e pesquisa em bases de dados:

o   Depois de o comando de voz ser transcrito, o sistema
    verifica cada palavra-chave ou frase transcrita na base de
    dados. A interação com a base de dados é essencial neste
    caso, uma vez que ajuda a interpretar e a mapear as
    palavras faladas para construções de código reais em
    Python.

o   Por exemplo, quando o sistema detecta "print open square
    bracket Hello World close square bracket", analisa este
    comando, traduzindo-o para uma instrução de impressão
    Python com a sintaxe apropriada, como print("Hello
    World").

4. Geração de código e escrita em ficheiro:

o   A aplicação pega então nos comandos processados e gera
    um ficheiro Python (ficheiro .py) com as linhas de código
    reconhecidas e mapeadas. Cada comando reconhecido que
    corresponda a uma sintaxe válida é anexado a este ficheiro
    em tempo real.

o   Uma vez concluída a criação do ficheiro, este é guardado e
    preparado para execução.

5. **Execução automática do código:**

   o O sistema executa automaticamente o ficheiro .py gerado
   assim que a entrada de voz tiver sido totalmente
   convertida. Utiliza o ambiente de tempo de execução do
   Python para executar o script, garantindo que os comandos
   são executados como pretendido.

   o Esta funcionalidade evita que os utilizadores executem
   manualmente o código, simplificando o processo desde a
   voz até à saída do código.

6. **Visualizar a saída na página da Web:**

   o O resultado do ficheiro Python executado é apresentado
   numa página Web. O sistema foi concebido para capturar o
   resultado em tempo real e apresentá-lo ao utilizador,
   oferecendo uma experiência dinâmica em que os
   utilizadores podem ver o resultado imediato do seu código
   falado.

   o Por exemplo, se o comando falado gerasse um print("Hello
   World"), a página Web apresentaria "Hello World" na
   secção de saída.

7. **Ajustar ou voltar a executar o código:**

   o Depois de ver o resultado, os utilizadores podem optar por
   emitir novos comandos de voz ou modificar os anteriores.
   Este processo iterativo é simples, com cada novo comando
   a gerar ou a anexar novo código ao ficheiro .py e a
   atualizar o resultado na página Web em conformidade.

8. **Tratamento de erros e feedback:**

   o Se o sistema encontrar um comando não reconhecido ou
   um erro de sintaxe, fornece um feedback imediato ao
   utilizador. Os erros são apresentados na página Web,
   orientando os utilizadores para reformularem ou
   corrigirem os seus comandos.

9. **Finalização e gravação de resultados:**

   o Uma vez satisfeitos, os utilizadores podem guardar o
   resultado final ou o ficheiro de código. Isto guarda o
   estado atual do seu código, permitindo uma referência ou
   reutilização posterior.

Este fluxo de utilização transforma instruções faladas em código
totalmente executável num processo simplificado e fácil de utilizar que
minimiza o esforço de codificação manual e fornece uma interface
acessível tanto para principiantes como para utilizadores experientes. O
sistema é ideal para utilizadores que pretendam criar protótipos ou
executar rapidamente código Python através de interação por voz.

Tarefa 1: Utilizar a aplicação para converter a voz em código

Using the Application to Convert Voice to Code (Utilizar a Aplicação
para Converter Voz em Código) fornece uma descrição detalhada do
processo através do qual um utilizador interage com a aplicação para
transformar comandos falados em código Python funcional. Esta parte
da secção de utilização ajuda os utilizadores a compreender cada passo

de interação e como as suas entradas de voz são convertidas em instruções de código, executadas e apresentadas na interface da página Web.

1. **Arranque e configuração inicial:**
   - Quando o utilizador lança a aplicação, esta inicializa os módulos essenciais para o reconhecimento de voz, o acesso à base de dados e a execução do código Python. Esta configuração garante que o sistema está pronto para processar comandos sem quaisquer atrasos ou interrupções.
   - Uma mensagem pede ao utilizador para começar a dar comandos, indicando que a aplicação está em modo de escuta e está preparada para receber instruções faladas.

2. **Introdução de voz e reconhecimento de voz:**
   - O utilizador dá o input falando para o microfone e o módulo de reconhecimento de voz capta as palavras faladas, transcrevendo-as para texto.
   - Este processo de transcrição converte a linguagem natural falada pelo utilizador num formato estruturado que a aplicação pode interpretar. Por exemplo, um comando como "print open square bracket Hello World close square bracket" é transcrito para identificar elementos de sintaxe Python, como a instrução de impressão e os delimitadores de cadeia.

Obter dados de voz :

```python
def fetch_voice_data(query):
    cleaned_query = ' '.join(query.split())
    words = cleaned_query.split()
    results = []

    for word in words:
        result = voice_collection.find_one({"string": word})
        if result:
            results.append(result.get('characters', f"'{word}' found but no characters associated."))
        else:
            results.append(f"'{word}' not found in the MongoDB database.")

    return ' '.join(results)
```

Figura 7.1 : Obtenção de voz

3. Analisar o texto transcrito:

- Após a transcrição, a aplicação analisa o comando de texto, analisando as palavras-chave e a sintaxe com base na estrutura do Python. Divide o comando em segmentos como funções, variáveis e literais.

- Esta análise permite ao sistema reconhecer comandos familiares ("print", "if", "while", etc.) e compreender marcadores estruturais como "open bracket" e "close bracket". Estes elementos são mapeados para a sintaxe Python, tornando possível interpretar e reformatar o comando falado num código Python válido.

4. Interação da base de dados para o mapeamento de comandos:

- As palavras analisadas são verificadas em relação às entradas na base de dados, onde são armazenados os comandos de voz comuns e os trechos de código Python correspondentes. Cada palavra ou frase é comparada com os registos da base de dados para garantir a precisão na geração de código.

o Por exemplo, quando o utilizador diz "print open square bracket Hello World close square bracket", a aplicação procura cada palavra-chave na base de dados para a verificar e mapear para o segmento de código correto (print("Hello World")). Esta interação assegura a coerência e evita erros devidos a variações ou ambiguidades do discurso.

5. Construir o código Python:

o Depois de todas as palavras do comando terem sido mapeadas, o sistema reúne estes elementos numa estrutura de sintaxe Python coerente. Formata-os para criar uma linha ou bloco de código Python que espelha as instruções faladas.

o O código gerado é então anexado a um ficheiro de script Python. Cada comando de voz pronunciado pelo utilizador traduz-se numa ou mais linhas de código Python, que é adicionado progressivamente ao script.

6. Guardar e executar o script Python:

o Depois de criar o bloco de código completo, o script é guardado com uma extensão .py. Este ficheiro contém agora o código Python baseado nos comandos falados pelo utilizador.

o   A aplicação pode executar automaticamente este script assim que for guardado. Quando executado, o script é executado como qualquer ficheiro Python padrão, com a saída enviada para a interface da página Web para visualização.

7. Visualização de resultados na interface Web:

o   A página Web apresenta a saída do código executado, permitindo aos utilizadores ver instantaneamente o resultado dos seus comandos de voz. Por exemplo, se o comando era para imprimir "Hello World", este texto aparecerá na interface Web como saída.

o   Este ciclo de feedback permite ao utilizador verificar a exatidão do comando falado e ajustá-lo, se necessário, fornecendo entradas de voz adicionais ou corrigidas.

8. Execução iterativa de comandos de voz:

o   O utilizador pode continuar a fornecer comandos de voz, e cada um deles será processado, convertido em código, executado, e apresentado na interface Web. Este processo iterativo permite uma codificação flexível através da voz, facilitando a criação de scripts complexos através da sobreposição de comandos simples ao longo do tempo.

o   O sistema foi concebido para lidar com um fluxo contínuo de comandos, tornando a aplicação intuitiva e eficiente para um desenvolvimento rápido.

9. Tratamento de erros e correcções em tempo real:

- o Se o sistema encontrar uma palavra não reconhecida ou um erro de sintaxe durante qualquer passo, fornece feedback na página Web, orientando o utilizador para reformular o comando. Esta funcionalidade garante que os utilizadores estão cientes de quaisquer problemas com os seus comandos e podem fazer correcções imediatamente.
- o A aplicação pode sugerir alternativas ou comandos comuns, ajudando os utilizadores a aperfeiçoar a sua introdução para obterem melhores resultados.

Através deste processo detalhado e interativo, os utilizadores podem converter facilmente comandos de voz em código **Python**, tornando a programação acessível e eficiente. Esta funcionalidade de voz para código proporciona uma experiência de codificação natural e sem mãos, ideal para situações em que a digitação pode ser incómoda ou quando os utilizadores pretendem experimentar código rapidamente sem o escrever manualmente.

Tarefa 2: Interação com a página Web e a base de dados

A secção Interação com a página Web e a base de dados é fundamental para a funcionalidade da aplicação Voz para Código. Explica como os comandos de voz do utilizador são processados, convertidos em código, armazenados e executados para apresentar resultados em tempo real numa página Web. Este ciclo de interação garante que os comandos do utilizador se traduzem perfeitamente em operações de código e de base de dados, apresentando finalmente os resultados numa interface Web para uma experiência de codificação completa. Vamos analisar cada passo em pormenor.

1. Processamento de comandos de voz

- Quando um utilizador diz um comando, o sistema capta essa entrada através do microfone.
- O módulo de reconhecimento de voz transcreve este áudio para texto, fornecendo uma estrutura preliminar para análise.
- Cada palavra ou frase do texto transcrito é comparada com uma base de dados de comandos reconhecidos para garantir que o sistema compreende totalmente a instrução.

2. Análise e consulta de bases de dados

- O sistema analisa o comando transcrito, identificando elementos de sintaxe como funções, palavras-chave e parâmetros.
- Cada elemento identificado é consultado na base de dados para o mapear para a sintaxe Python válida. Por exemplo, um comando como "print open bracket Hello World close bracket" é analisado e convertido em print("Hello World").
- A base de dados armazena uma biblioteca de comandos e regras de sintaxe que ajudam neste processo de mapeamento, permitindo a geração precisa de código com base em entradas de voz reconhecidas.

3. Geração de código a partir de mapeamentos de bases de dados

- Depois de a aplicação ter analisado e mapeado todas as partes do comando, constrói o código Python de forma dinâmica.
- Este código é guardado como um script Python em tempo real. Se o comando incluir uma operação lógica, uma instrução condicional ou uma função, o código é estruturado em conformidade no ficheiro de script.
- Por exemplo, se um utilizador der vários comandos, como "definir função calcular" e "imprimir resultado", estes são combinados para construir um script Python funcional com definições de variáveis e instruções de saída.

4. Execução de código e armazenamento de resultados

- O script Python guardado é então executado pelo sistema. Os resultados da execução são armazenados na base de dados e apresentados na página Web.
- Se a saída do comando tiver de ser apresentada (como o resultado de um cálculo ou uma mensagem impressa), a base de dados armazena o comando e a associação da saída. Este armazenamento permite uma fácil recuperação de comandos anteriores e dos seus resultados.

5. Visualizar a saída em tempo real na página Web

- Após a execução, o resultado é apresentado numa interface Web. Os utilizadores podem ver aqui os resultados em tempo real dos seus comandos, verificando imediatamente a funcionalidade do código.
- A interface da página Web também inclui opções para os utilizadores reverem os seus comandos e resultados anteriores, fornecendo um registo histórico das interações.

Fluxograma 1: Comando de voz para o fluxo de interação com a base de dados

O utilizador dá um comando de voz

↓

Módulo de reconhecimento de voz

↓

Módulo de transcrição e análise

↓

Mapeamento de comandos da base de dados

↓

Mapear e construir a sintaxe Python

↓

Código armazenado e saída apresentada

↓

Interface de página Web (apresenta resultados de execução de código em tempo real)

↓

Executar o script Python

↓

Armazenar a saída na base de dados para exibição

Explicação do fluxo:

1. **O utilizador dá um comando de voz**: O processo começa quando o utilizador dá um comando de voz como "print hello world".

2. **Módulo de reconhecimento de voz**: O sistema ouve a entrada de voz e transcreve-a para texto.

3. **Módulo de transcrição e análise**: Após a transcrição, o texto é analisado para identificar comandos e componentes individuais.

4. **Mapeamento de comandos da base de dados**: Os componentes analisados (por exemplo, "print", "hello") são combinados com a sintaxe Python correspondente na base de dados.

5. **Mapear e construir a sintaxe Python**: Com base no mapeamento da base de dados, é gerado código Python válido (por exemplo, print("hello")).

6. **Código armazenado e saída apresentada**: O código Python gerado é armazenado e a sua saída de execução é preparada para ser apresentada.

7. **Interface de página Web**: Os resultados da execução do código (por exemplo, "hello") são apresentados em tempo real numa interface Web para feedback do utilizador.

8. **Executar Script Python**: O código Python é executado e o resultado é capturado.

9. **Armazenar o resultado na base de dados**: A saída da execução do script Python é armazenada na base de dados para referência e visualização na interface Web.

Este fluxo de trabalho assegura uma interação perfeita entre os comandos de voz, a geração de código, a execução e a visualização em tempo real, proporcionando uma experiência de utilizador suave para a programação Python orientada por voz.

Fluxograma para a integração da interface da página Web e da saída:

O utilizador solicita a saída na página Web

↓

A interface da página Web recebe dados

↓

Exibir resultados dc cxccução em tempo real

↓

Obter dados da base de dados para exibição

↓

Exibir resultados da execução na página da Web

Explicação:

1. **O utilizador solicita a saída na página Web**: O utilizador pretende ver o resultado do código Python executado.
2. **A interface da página Web recebe dados**: A interface da página Web recolhe os resultados da execução diretamente ou a partir da base de dados.
3. **Exibir resultados de execução em tempo real**: Os resultados são apresentados na interface Web à medida que são recebidos.
4. **Obter dados da base de dados para visualização**: Os dados relacionados com o comando e o seu resultado são recuperados da base de dados para visualização.

5. **Exibir resultados da execução na página da Web:** Os resultados finais (como a saída impressa) são apresentados na página Web para que o utilizador os reveja.

Fluxograma para o mapeamento de comandos da base de dados:

Comando de voz introduzido

↓

Comando Parse para extrair palavras-chave

↓

Procurar entradas correspondentes na base de dados

↓

Recuperar a sintaxe Python para o comando

↓

Gerar fragmento de código Python

Explicação:

1. Comando de voz introduzido: Um comando de voz é reconhecido e transcrito para texto.
2. Comando Parse para extrair palavras-chave: O comando é analisado para encontrar componentes-chave (como funções, variáveis ou valores).

3. Procurar entradas correspondentes na base de dados: As palavras-chave analisadas são comparadas com as entradas armazenadas na base de dados.

4. Recuperar a sintaxe Python para o comando: Assim que for encontrada uma correspondência, é recuperada a sintaxe Python adequada.

5. Gerar fragmento de código Python: É criado um fragmento de código Python com base nas entradas da base de dados correspondentes.

Estes fluxogramas fornecem uma descrição clara, passo a passo, da forma como os vários componentes do seu projeto interagem, desde o reconhecimento de voz à execução do código e à apresentação na Web em tempo real.

CAPÍTULO 8 - COMO FUNCIONA?

Este capítulo explica o processo subjacente ao funcionamento da aplicação "Voice to Code". O objetivo do projeto é converter comandos de voz em código Python executável, mapear comandos reconhecidos para entradas da base de dados e apresentar o resultado numa página Web. Este processo envolve vários componentes chave, incluindo o reconhecimento de voz, a interação com a base de dados, a geração de código e a integração na Web.

Tarefa 1: Fluxo de trabalho de reconhecimento de voz

O fluxo de trabalho de reconhecimento de voz é o primeiro passo na conversão de comandos falados em código Python executável. Este fluxo de trabalho envolve a captura da entrada de voz do utilizador, o processamento dos dados de áudio para reconhecer palavras e frases individuais, a conversão do discurso reconhecido em texto e a análise deste texto em comandos que podem ser transformados em código Python. É um passo fundamental porque permite a interação natural do utilizador, permitindo que os utilizadores digitem comandos em vez de os escreverem manualmente.

Passos detalhados no fluxo de trabalho de reconhecimento de voz

1. **O utilizador fala o comando:**

o O processo começa quando o utilizador fornece um comando de voz. Por exemplo, o utilizador pode dizer "print hello world".

o O comando destina-se a executar uma função ou ação específica, como a impressão de texto, a realização de cálculos ou a execução de lógica condicional. Os utilizadores podem dar comandos simples ou mais complexos com base no vocabulário e na funcionalidade suportados pela aplicação.

2. Captura de áudio:

o A aplicação capta a entrada de áudio do utilizador utilizando um microfone ligado ao sistema. Esta fase de captação de áudio é crucial, pois garante a recolha de dados de voz claros e ininterruptos.

o Nesta fase, podem ser aplicadas técnicas de redução do ruído para minimizar o ruído de fundo e melhorar a clareza do sinal áudio. Alguns sistemas utilizam filtros baseados em hardware, enquanto outros utilizam algoritmos de supressão de ruído por software.

3. Pré-processamento de dados de áudio:

o Antes de ocorrer o reconhecimento de voz, os dados de áudio são pré-processados para os preparar para uma transcrição exacta. As etapas de pré-processamento podem incluir:

- Deteção de silêncio: Identificar e remover períodos de silêncio para se concentrar apenas no conteúdo falado.
  - Normalização: Ajustar os níveis de volume para que os dados de voz sejam consistentes.
  - Segmentação: Se o comando for longo, o áudio pode ser dividido em segmentos mais pequenos para uma maior precisão.
- Este passo assegura que o motor de reconhecimento de voz recebe um sinal de áudio limpo e normalizado, reduzindo o risco de interpretação incorrecta devido a variações de intensidade ou ruído de fundo.

4. Reconhecimento de fala:

- O áudio processado é então enviado para um motor de reconhecimento de voz, como o Vosk, o Google Speech-to-Text ou outro serviço. O motor executa as seguintes tarefas:
  - Extração de caraterísticas: Decompõe o sinal de áudio em caraterísticas, como a frequência e o tom, que ajudam a identificar fonemas (as unidades mais pequenas do som).
  - Correspondência de fonemas: Compara as caraterísticas extraídas com uma base de dados de fonemas conhecidos para identificar palavras.
  - Formação de palavras: À medida que os fonemas são identificados, são reunidos em palavras

reconhecíveis com base no modelo de linguagem do motor.

- Saída de texto: As palavras reconhecidas são convertidas em formato de texto, produzindo uma transcrição do comando de voz do utilizador.

5. Pós-processamento do texto reconhecido:

- o Após a transcrição, o texto resultante pode conter pequenos erros ou incoerências. O pós-processamento envolve o refinamento do texto para melhorar a exatidão. As tarefas comuns de pós-processamento incluem:
  - Correcções ortográficas: Correção automática de erros ortográficos ou de transcrição comuns.
  - Inserção de pontuação: Adição de sinais de pontuação para melhorar a legibilidade.
  - Filtragem de palavras desnecessárias: Remover palavras de preenchimento (por exemplo, "hum", "uh") que não contribuem para a intenção do comando.
- o Este texto pós-processado está então pronto para ser analisado e analisado posteriormente.

6. Identificação de comandos e reconhecimento de intenções:

- o O texto reconhecido é analisado para determinar a intenção do comando. Por exemplo, se o texto reconhecido for "print hello world", o sistema identifica "print" como um comando e "hello world" como os dados associados.

o Esta análise envolve a deteção de palavras-chave, em que palavras-chave predefinidas, como "print", "if", "while" e outras, são associadas a construções de programação específicas.

o As técnicas avançadas de processamento da linguagem natural (PNL), como a etiquetagem de parte do discurso e o reconhecimento de entidades, também podem ser utilizadas para melhorar o reconhecimento de intenções, especialmente para comandos mais complexos ou declarações condicionais.

7. **Tratamento de erros e feedback:**

o Durante o reconhecimento, podem ocorrer erros devido a variações de pronúncia, ruído de fundo ou complexidade dos comandos. O sistema utiliza técnicas de tratamento de erros para gerir estes problemas:

- Limiar de confiança: O motor de reconhecimento de voz atribui uma pontuação de confiança a cada palavra reconhecida. Se o nível de confiança for inferior a um determinado limiar, o sistema pode pedir ao utilizador que repita o comando.

- Feedback do utilizador: Se o comando for pouco claro ou ambíguo, o sistema pode pedir esclarecimentos, apresentando o texto interpretado e pedindo ao utilizador que o confirme ou corrija.

- Mecanismo de reprocessamento: Se os erros persistirem, o sistema pode pedir ao utilizador que

repita o comando num ambiente mais silencioso ou
mais próximo do microfone.

Resumo do fluxo de trabalho de reconhecimento de voz:

- Capturar áudio: Adquirir dados de voz do microfone.
- Pré-processar o áudio: Normalizar e filtrar o áudio para o preparar para o reconhecimento.
- Reconhecer a fala: Transcrever as palavras faladas em texto utilizando um motor de reconhecimento.
- Pós-processamento do texto: Aperfeiçoar a transcrição para remover elementos desnecessários e corrigir pequenos erros.
- Identificar comandos: Determinar os comandos de programação e mapear o texto reconhecido para construções de código Python.
- Gerir erros e feedback: Melhore a precisão e a experiência do utilizador gerindo os erros de reconhecimento ou os dados ambíguos.

O utilizador dá um comando de voz

↓

Módulo de reconhecimento de voz

↓

Conversão de áudio para texto

↓

Texto processado para comandos

↓

Comando enviado para processamento posterior

Fluxograma do fluxo de trabalho de reconhecimento de voz:

Comando "User Speaks

↓

Captação de áudio (microfone)

↓

Pré-processamento de áudio (redução de ruído, remoção de silêncio)

↓

Motor de reconhecimento de fala (extração de caraterísticas, correspondência de fonemas)

↓

Saída de texto transcrito (por exemplo, "print hello world")

↓

Pós-processamento de texto (correção ortográfica, inserção de pontuação) ↓ Identificação de comandos (correspondência de palavras-chave, reconhecimento de intenções)

↓

Tratamento de erros e feedback (verificação de confiança, confirmação do utilizador)

Este fluxo de trabalho detalhado de reconhecimento de voz forma a primeira camada de funcionalidade na aplicação Voice-to-Code, transformando o áudio bruto em texto estruturado pronto para a geração de código. A precisão e a fiabilidade deste fluxo de trabalho determinam a eficácia com que o sistema pode converter comandos de voz em código Python executável, tornando-o um componente essencial do projeto.

Tarefa 2: Analisar comandos de voz em código

A análise de comandos de voz em código no projeto "Voice-to-Code" é uma parte crítica da conversão de palavras faladas em sintaxe de programação funcional. Este processo envolve a transcrição da entrada de voz, a sua análise e a sua estruturação num formato de código Python válido.

Eis uma descrição pormenorizada do funcionamento deste processo:

1. Reconhecimento de comandos de voz

- Quando o utilizador dá um comando, o sistema de reconhecimento de voz converte o discurso em texto.
- O texto transcrito é então processado por um módulo de análise que identifica palavras-chave e estruturas no comando.
- Por exemplo, se o utilizador disser "imprimir olá mundo", o sistema reconhece "imprimir" como um comando e "olá mundo" como o conteúdo.

2. Sintaxe e mapeamento de comandos

- O passo seguinte é interpretar as palavras reconhecidas com base na sintaxe de programação e nos comandos específicos da língua.
- Em Python, certas palavras-chave activam estruturas de código específicas. Por exemplo:
    - "Imprimir" pode mapear diretamente para a função print() do Python.
    - "Definir uma função" poderia traduzir-se numa definição de função como def.
    - Os comandos de atribuição de variáveis, como "set x to 5", seriam reconhecidos e estruturados como x = 5.
- Durante este passo, o analisador verifica se cada palavra ou frase corresponde a padrões pré-definidos na sintaxe do código.

3. Pesquisa na base de dados para verificação do comando

- Alguns comandos podem necessitar de interpretação adicional, especialmente quando estão envolvidas frases personalizadas ou valores variáveis.
- A base de dados armazena mapeamentos pré-definidos para palavras-chave e comandos, pelo que o analisador pode fazer uma verificação cruzada com estes mapeamentos para verificar ou aumentar o seu resultado.
- Por exemplo, se for dito "initialize loop with count 5", o analisador procura a sintaxe para loops e atribui os valores corretos para gerar um loop for ou while.

4. Gerar a sintaxe do código Python

- Depois de reconhecer e validar a estrutura do comando, o analisador junta-os num código Python válido.
- Utilizando modelos para construções de código comuns (por exemplo, loops, condicionais, definições de funções), o analisador cria linhas de código Python sintaticamente corretas.
- As linhas de código geradas são reunidas num bloco de código completo, respeitando as regras de indentação do Python.

5. Tratamento de erros e feedback

- Se um comando não for claro ou não corresponder a nenhum padrão predefinido, o sistema pede esclarecimentos ao utilizador.
- Por exemplo, se for detectada uma frase ambígua como "fazer algo", o analisador pode pedir uma ação ou conteúdo específico para clarificar.

6. Armazenamento e visualização de resultados

- Depois de o comando ter sido analisado e transformado em código, o código gerado é armazenado num ficheiro .py.
- Este ficheiro é executado automaticamente, permitindo aos utilizadores ver o resultado do seu comando em tempo real, normalmente apresentado numa interface Web.
- O sistema guarda todo o código e resultados gerados para referência futura, permitindo uma experiência de codificação interactiva e iterativa.

Benefícios da análise de comandos de voz em código:

- Eficiência: Permite a geração rápida de código a partir de comandos falados.
- Acessibilidade: Permite que as pessoas que têm dificuldade em digitar continuem a codificar eficazmente.
- Ajuda à aprendizagem: Ajuda os utilizadores a aprender a programar, decompondo os seus comandos em sintaxe de código real.

Fluxograma para análise de comandos de voz em código:

Reconhecimento de comandos de voz

↓

Extrair componentes-chave (por exemplo, ação, valor)

↓

Fazer corresponder os componentes às entradas da base de dados

↓

Construir o snippet de código Python correspondente

↓

Armazenar código gerado

Comandos de voz em código :

```python
def recognize_voice():
    recognizer = sr.Recognizer()
    with sr.Microphone() as source:
        print("Adjusting for ambient noise... Please wait.")
        recognizer.adjust_for_ambient_noise(source)
        print("Now say whatever you want to say... (You have 15 seconds)")

        try:
            audio = recognizer.listen(source, timeout=15)
        except sr.WaitTimeoutError:
            print("Listening timed out while waiting for phrase to start.")
            return None

        try:
            print("Understanding your voice... Please wait.")
            return recognizer.recognize_google(audio)
        except sr.UnknownValueError:
            print("Sorry, I could not understand the words.")
            return None
        except sr.RequestError as e:
            print(f"Could not request results from Google Speech Recognition service; {e}")
            return None
```

Figura 8.1 : Função dos comandos de voz

Guardar o ficheiro .py :

Este processo cria uma ponte eficiente entre a linguagem natural e a sintaxe do código, permitindo que os utilizadores criem código falando comandos intuitivamente.

```python
def save_command_to_file(command):
    with open('output.py', 'a') as file:
        file.write(f"{command}\n")
```

Figura 8.2 : Guardar o ficheiro python

Tarefa 3: Tratamento de saída e execução na página Web

No projeto "Voice-to-Code", o processo de tratamento e execução de resultados numa página Web é essencial para fornecer aos utilizadores feedback e visibilidade em tempo real sobre a forma como os seus comandos de voz se traduzem em código funcional. Este processo envolve a apresentação do código gerado, a sua execução e a apresentação dos resultados numa interface de fácil utilização. Aqui está um olhar aprofundado sobre como esta parte funciona:

1. Execução de código

- Quando o comando de voz é analisado e convertido em código Python, o sistema guarda-o como um ficheiro .py.
- O interpretador Python executa então este ficheiro, executando o código exatamente como se fosse escrito manualmente e executado num ambiente Python.
- Esta fase de execução é essencial para gerar resultados com base em comandos do utilizador, tais como instruções de impressão, cálculos ou outras operações especificadas pelo utilizador.

2. Capturar a produção

- O sistema capta os resultados gerados pelo código durante a execução. Esta saída pode ser:
  - Saídas baseadas na consola, como texto impresso, números ou mensagens.
  - Resultados de cálculos, retornos de funções ou operações de dados.

- No backend, o programa capta estas saídas e armazena-as
  temporariamente na memória ou numa base de dados,
  dependendo da configuração e do volume de dados.

3. Formatação da saída e tratamento de erros

- Para melhorar a legibilidade, a saída capturada é formatada de
  forma limpa antes de ser enviada para a interface Web.
- Se a execução do código resultar num erro (por exemplo, erro de
  sintaxe, variável indefinida, etc.), o sistema capta esta mensagem
  de erro e formata-a para notificar claramente o utilizador sobre o
  que correu mal.
- Ao tratar os erros de forma explícita, o sistema garante que os
  utilizadores recebem feedback acionável, ajudando-os a corrigir
  os erros em comandos subsequentes.

4. Exibir resultados na página da Web

- O resultado formatado é então apresentado numa área designada
  da interface Web.
- Esta área pode incluir:
  - Secção de visualização do código: Mostra o código Python
    gerado, permitindo ao utilizador rever como os seus
    comandos falados se traduzem em sintaxe.
  - Secção de visualização de resultados: Apresenta os
    resultados da execução do código, permitindo que os
    utilizadores vejam o feedback em tempo real.

- o Mensagens de erro/sucesso: Informa os utilizadores da execução bem sucedida ou de quaisquer problemas encontrados durante o processo.
- Esta segmentação clara ajuda os utilizadores a compreender o fluxo dos comandos de voz para o código e depois para o resultado, tornando a aplicação mais interactiva e educativa.

5. Actualizações e refrescamentos em tempo real

- Depois de cada comando ser executado, a página Web actualiza a secção de saída para refletir o código e os resultados mais recentes.
- Esta funcionalidade de atualização em tempo real cria uma experiência de utilizador perfeita, em que os utilizadores podem ver os efeitos de cada comando de voz sem atualizar manualmente ou navegar para fora da página.
- Esta capacidade de resposta aumenta a interatividade geral, mantendo os utilizadores envolvidos à medida que executam uma série de comandos e vêem os resultados instantaneamente.

6. Registo de resultados e histórico

- Para permitir que os utilizadores acompanhem e revejam os seus comandos anteriores, a aplicação pode registar cada saída numa base de dados ou sessão.
- Este histórico permite que os utilizadores percorram os resultados anteriores e os trechos de código, ajudando-os a aprender com as acções passadas e a aperfeiçoar os seus comandos conforme necessário.

- Para fins educacionais e de depuração, o armazenamento deste histórico de saída ajuda os utilizadores a identificar padrões nos seus comandos e a reconhecer quais as estruturas de sintaxe que produzem saídas específicas.

7. Funcionalidades interactivas e feedback dos utilizadores

- Os utilizadores podem, por exemplo, interagir com o resultado:
    - Editar ou voltar a executar comandos com base no resultado apresentado.
    - Receber recomendações sobre estruturas de comando ou melhorias de sintaxe.
- Além disso, a interface Web pode incluir mecanismos de feedback, permitindo que os utilizadores aperfeiçoem os seus comandos de voz com base nos resultados observados, acrescentando outra camada de interatividade.

Vantagens do tratamento e execução da saída na página Web:

- Feedback imediato: Os utilizadores vêem os resultados em tempo real, o que reforça a aprendizagem e ajuda os utilizadores a aperfeiçoar rapidamente os seus comandos.
- Experiência de utilizador melhorada: A interface organizada e intuitiva guia os utilizadores sem problemas desde a introdução de comandos até à execução do código e à visualização dos resultados.
- Suporte de depuração: A apresentação clara dos erros e dos resultados positivos ajuda os utilizadores a resolver problemas com os seus comandos de voz.

- Ambiente de aprendizagem: Ao observar os resultados da
  geração e execução de código, os utilizadores desenvolvem uma
  compreensão dos conceitos de programação de uma forma
  prática.

**Repartição pormenorizada do tratamento de saída e do fluxo de
trabalho de execução:**

1. Execução do comando do utilizador e preparação do código:

- Recolha de entradas: O comando de voz do utilizador (por
  exemplo, "print hello world") é capturado e processado pelo
  módulo de reconhecimento de voz, que depois analisa o comando
  em código Python.
- Armazenamento do código gerado: O sistema prepara um
  ficheiro de script Python (por exemplo, generated_code.py) com
  o código traduzido.
- Configuração da execução: Antes da execução, o ambiente
  verifica a existência de quaisquer pacotes ou dependências
  necessários para o código, garantindo uma execução sem
  problemas. Se forem detectadas dependências em falta, é
  apresentada uma notificação na interface Web para solicitar ao
  utilizador a instalação.

2. Execução do código e tratamento da execução

- Ambiente de execução isolado: A aplicação executa o código
  num ambiente seguro e isolado, impedindo o acesso indesejado
  ao sistema mais vasto e garantindo que mesmo o código
  potencialmente complexo é executado em segurança.

- Processamento em tempo real: A execução do código é acionada imediatamente após a análise, pelo que o utilizador tem um atraso mínimo entre a entrada de voz e a geração de resultados.
- Deteção de erros: O sistema monitoriza ativamente a existência de erros durante a execução, identificando problemas como erros de sintaxe, erros de tempo de execução e erros lógicos. Quando são detectados erros, são recolhidas informações detalhadas (por exemplo, número da linha, tipo de erro) e formatadas para apresentação.

3. Captura e armazenamento de resultados

- Captura de saída padrão: Durante a execução do código, a aplicação captura todas as saídas padrão (por exemplo, instruções de impressão) geradas pelo código e armazena-as temporariamente no backend.
- Tratamento da saída de erros: Se ocorrer um erro, a aplicação regista a mensagem de erro. Esta mensagem, juntamente com a informação sobre onde ocorreu o erro, é formatada para ser útil aos utilizadores.
- Registo na base de dados: Se a aplicação exigir um registo histórico dos resultados, os resultados são guardados na base de dados. Isto permite que os utilizadores recuperem resultados anteriores para fins de revisão ou aprendizagem.

4. Integração da interface Web e visualização de resultados

- Módulo de renderização da saída: Quando a saída está disponível, passa por um módulo de renderização que estrutura e estiliza a saída para apresentação na interface Web. Isso pode incluir:

- o Formatação de texto: Estruturação do texto de saída num formato legível, utilizando frequentemente quebras de linha, indentação ou realce de sintaxe para maior clareza.
- o Apresentação de erros: Formatação de mensagens de erro num estilo distinto (por exemplo, texto vermelho ou caixas de alerta) para que sejam facilmente perceptíveis.
- Apresentação do código: Juntamente com a saída, o código Python gerado também é apresentado na página Web para permitir que os utilizadores vejam exatamente como o seu comando falado foi convertido.
- Feedback da execução: Pode aparecer um indicador (por exemplo, uma mensagem "Código executado com êxito") quando a execução é bem sucedida. Por outro lado, se ocorrer um erro, uma mensagem orienta o utilizador para possíveis correcções.

5. Funcionalidades interactivas e controlos do utilizador:

- Pré-visualização de código editável: Para encorajar a aprendizagem, o código apresentado pode ser editado, permitindo aos utilizadores ajustar o código e voltar a executá-lo diretamente a partir da interface, caso pretendam fazer experiências.
- Opções de reexecução: A página Web inclui controlos para que os utilizadores voltem a executar comandos ou trechos de código modificados sem necessidade de voltar a emitir um comando de voz. Isto poupa tempo e melhora a experiência de aprendizagem.

- Sugestões de correção de erros: Com base nos erros detectados, a interface pode oferecer dicas ou sugestões (por exemplo, "Verificar se faltam parênteses") para ajudar os utilizadores a resolver problemas de sintaxe comuns.

6. Saída em tempo real e actualizações assíncronas

- Fluxo de dados assíncrono: A página Web funciona de uma forma que permite actualizações em tempo real. Por exemplo, utilizando AJAX ou comunicação baseada em WebSocket, o servidor envia actualizações de saída para o lado do cliente sem que o utilizador tenha de atualizar a página.
- Indicadores de carregamento: Aparece uma animação de carregamento enquanto o sistema processa os comandos, garantindo que os utilizadores sabem que o seu comando está a ser tratado.

7. Registo e acompanhamento histórico

- Histórico de comandos: Cada comando que o utilizador cmite é registado, criando um registo histórico. Isto pode ser particularmente útil para rever comandos anteriores ou estudar a eficácia do comando ao longo do tempo.
- Revisão de resultados: Um painel "histórico" pode apresentar resultados recentes, permitindo aos utilizadores rever os resultados de comandos anteriores, o que é especialmente útil se os utilizadores precisarem de verificar resultados de sessões anteriores.

- Registo de erros para depuração: Para comandos complexos, a aplicação pode registar erros para ajudar a equipa de desenvolvimento a otimizar e aperfeiçoar a precisão do reconhecimento de voz da aplicação ou os mecanismos de tratamento de erros.

Fluxograma melhorado do tratamento e execução da saída na página Web

1. Entrada de comandos de voz
   - O utilizador diz um comando.
2. Reconhecimento de comandos e geração de códigos
   - O comando de voz é convertido em código, guardado num ficheiro .py.
3. Ambiente de execução de código
   - O código é executado num ambiente seguro; os erros são monitorizados.
4. Captura de saída
   - A saída padrão e as mensagens de erro são capturadas.
5. Ecrã da interface Web
   - A saída e o código são processados em tempo real, sendo apresentados na página Web.
6. Caraterísticas interactivas
   - O utilizador tem opções para editar e voltar a executar o código e ver o histórico de execução.
7. Registo de dados
   - Os comandos e as saídas são armazenados numa base de dados para referência futura.

Vantagens desta abordagem de tratamento de saída:

- Experiência do utilizador melhorada: A interação em tempo real e o feedback imediato tornam o sistema intuitivo e envolvente.
- Transparência e aprendizagem: Ao mostrar o código gerado juntamente com o resultado, os utilizadores obtêm uma compreensão mais profunda da forma como os seus comandos de voz se traduzem em código Python executável.
- Orientação e perceção de erros: Mensagens de erro e sugestões claras orientam os utilizadores no aperfeiçoamento dos seus comandos, criando um ambiente de aprendizagem favorável.
- Flexibilidade: Os controlos interactivos dão aos utilizadores flexibilidade na experimentação de comandos, na edição de código e na exploração da saída Python dinamicamente na página Web.

CAPÍTULO 9 - ECRÃS DE SAÍDA E RESULTADOS

Este capítulo fornece uma visão detalhada dos principais ecrãs de saída e dos resultados gerados pela aplicação "Voice-to-Code" para a programação Python. Cada ecrã representa uma fase no processo de tradução dos comandos falados em código Python executável, apresentando os resultados da execução do código e oferecendo uma experiência de utilizador intuitiva.

Tarefa 1: Saída de reconhecimento de comandos de voz

Visão geral:

O ecrã de saída do reconhecimento de comandos de voz mostra o texto gerado a partir da entrada de voz do utilizador. Este ecrã confirma que a aplicação captou e transcreveu com êxito o comando de voz do utilizador.

EXPLICAÇÃO DO CÓDIGO:

1) **Importações:**

```python
from flask import Flask, render_template, jsonify, request, abort
import time
import speech_recognition as sr
import subprocess
from pymongo import MongoClient
import webbrowser
import threading
import os
```

Figura 9.1 : Declarações de importação no código

Explicação:

- **Esta secção importa os módulos necessários para a aplicação:**
  - Flask: A estrutura principal para criar o servidor Web e lidar com pedidos HTTP.
  - tempo: Para operações baseadas no tempo, possivelmente para acrescentar atrasos.
  - speech_recognition as sr: Trata da conversão de fala para texto, usando uma biblioteca que faz interface com várias APIs de reconhecimento de fala.
  - subprocesso: Provavelmente usado para executar comandos shell ou executar scripts de dentro do Python.
  - MongoClient do pymongo: Conecta-se a um banco de dados MongoDB, que pode ser usado para armazenar ou recuperar dados.
  - Webbrowser: Abre páginas Web, potencialmente para apresentar resultados ou orientar os utilizadores.
  - threading: Permite operações simultâneas, tais como a escuta contínua de voz durante o tratamento de pedidos HTTP.
  - os: Para interações do sistema operativo, como o tratamento de ficheiros.

Inicialização da aplicação Flask:

```python
app = Flask(__name__)
output_text = ""
SECRET_PATH = "roshanpanda"
```

Figura 9.2: Incialização da aplicação Flask

Explicação:

- app = Flask(nome): Inicializa uma instância do aplicativo Flask. Este objeto app é central para configurar rotas e lidar com solicitações.
- output_text: Uma variável global destinada a armazenar a saída da execução do código ou da fala reconhecida. Este texto pode ser acedido e atualizado ao longo da aplicação.
- SECRET_PATH: Este é um caminho personalizado definido como "roshanpanda". Actua como um prefixo de rota, possivelmente para proteger ou personalizar o URL.

Obter dados de voz:

```python
def fetch_voice_data(query):
    cleaned_query = ' '.join(query.split())
    words = cleaned_query.split()
    results = []

    for word in words:
        result = voice_collection.find_one({"string": word})
        if result:
            results.append(result.get('characters', f"'{word}' found but no characters associated."))
        else:
            results.append(f"'{word}' not found in the MongoDB database.")

    return ' '.join(results)
```

Figura 9.3 : Obtenção de discurso

Explicação de cada passo:

1. **Inicializar o Reconhecedor:**

- recognizer = sr.Recognizer() define a instância do reconhecedor que gere e processa os dados de áudio.

2. Capturar áudio:

- O bloco com sr.Microphone() como fonte acede ao microfone predefinido e prepara-o para a gravação.
- recognizer.listen(source) capta o áudio da fonte (o microfone) até detetar uma pausa no discurso, depois pára de ouvir.

3. Reconhecer o discurso:

- A função recognize_google() envia o áudio gravado para a API do Google para o converter em texto.
- Outros reconhecedores como recognize_sphinx() (para reconhecimento offline) ou reconhecedores personalizados baseados em API também podem ser utilizados aqui.

4. Tratamento de erros:

- UnknownValueError é ativado se o reconhecedor não compreender o áudio.
- RequestError é ativado se houver um problema na ligação à API ou no acesso ao serviço de reconhecimento.

Integrando em um aplicativo Flask:

Em uma aplicação Flask baseada na Web, esse processo seria acionado por uma solicitação HTTP (por exemplo, quando o usuário clica em um

botão na página da Web). Você pode ter um ponto de extremidade,
como /fetch-voice-data, que aciona esse código para ouvir, reconhecer e
retornar o texto transcrito como uma resposta JSON para o cliente.

Resumo:

- Escuta de áudio: O reconhecedor capta a entrada de voz do
  microfone.
- Transcrição de áudio: O reconhecedor traduz o áudio em texto
  utilizando uma API.
- Retornando resultados: Em um aplicativo Flask, o texto
  transcrito é retornado como uma resposta JSON.

Função de reconhecimento de voz:

```python
def recognize_voice():
    recognizer = sr.Recognizer()
    with sr.Microphone() as source:
        print("Adjusting for ambient noise... Please wait.")
        recognizer.adjust_for_ambient_noise(source)
        print("Now say whatever you want to say... (You have 15 seconds)")

        try:
            audio = recognizer.listen(source, timeout=15)
        except sr.WaitTimeoutError:
            print("Listening timed out while waiting for phrase to start.")
            return None

        try:
            print("Understanding your voice... Please wait.")
            return recognizer.recognize_google(audio)
        except sr.UnknownValueError:
            print("Sorry, I could not understand the words.")
            return None
        except sr.RequestError as e:
            print(f"Could not request results from Google Speech Recognition service; {e}")
            return None
```

Figura 9.4: Função de reconhecimento de voz

Passo 1: "Olá, computador!"

Primeiro, o computador precisa de ouvir. Pense nisto como um walkie-talkie: carrega-se num botão para falar e o computador diz: "Estou pronto!" Aqui, o "botão" é normalmente um microfone que capta os sons que saem da sua boca.

Quando dizemos alguma coisa, o computador agarra em todas as ondas sonoras que saltam no ar e grava-as como dados digitais. Mas, neste momento, é apenas ruído - não é diferente dos sons aleatórios!

Passo 2: Decompor as ondas sonoras

O som, para um computador, é apenas uma linha ondulada de ondas. Ele não sabe o que significa "olá" ou "por favor, saia"! Por isso, para começar a compreendê-lo, o computador precisa de dividir os sons em pequenos fragmentos, quase como se estivesse a dividir uma canção ritmo a ritmo. Estes pedaços são analisados pelo software de reconhecimento de voz para procurar padrões.

Etapa 3: Associar sons a palavras

É aqui que a diversão começa realmente! Cada palavra que diz é composta por unidades de som mais pequenas chamadas *fonemas* (como "buh" para "B" ou "kuh" para "K"). Os computadores comparam as ondas sonoras gravadas com os fonemas que conhecem. Se disseres

"olá", o computador vai decompô-lo em "huh-eh-l-oh", fazer
corresponder esses sons à sua base de dados e reconhecê-lo como "olá".

Pense nisto como um jogo de detectives! O computador pega em cada
fonema e tenta associá-lo a algo no seu "dicionário de sons".

Passo 4: Adivinhar as palavras

Quando o computador tem um conjunto de sons que pensa serem
palavras, começa a adivinhar. Por exemplo, se disser: "Podes ajudar-
me?", o computador pode obter imediatamente "posso", "tu" e "ajuda",
mas pode adivinhar "eu" se não for claro. A maioria dos sistemas tenta
usar o contexto para descobrir o que é mais provável.

O reconhecimento de voz avançado, como o Google ou o Siri, tem
bases de dados enormes e algoritmos complexos para fazer suposições
informadas. Até se adaptam a diferentes sotaques, gírias e formas de
dizer as coisas.

Passo 5: Transformar as palavras em ação:

Agora, qual é o objetivo do computador saber o que disseste? Bem, é
aqui que as coisas ficam interessantes! Os comandos de voz podem ser
utilizados para *controlar* o computador. Se disser "Abrir o Bloco de
notas" e o computador ouvir e compreender, pode efetivamente abrir o
Bloco de notas por si!

Saída de voz reconhecida:

```
> 
OUTPUT                                   Code
[Running] python -u
"c:\Users\rosha\OneDrive\Desktop\special
projects\projects.py"
Adjusting for ambient noise... Please wait.
Now say whatever you want to say... (You have 15
seconds)
Understanding your voice... Please wait.
Recognized text: print op se hello world se fan #
Fetching voice data...
Voice data fetched: print ( ' Hello World ' )
Now saving to output.py...
 * Serving Flask app 'projects'
 * Debug mode: off
WARNING: This is a development server. Do not use it in
a production deployment. Use a production WSGI server
instead.
 * Running on http://192.168.4.227:5000
Press CTRL+C to quit
192.168.4.227 - - [06/Nov/2024 21:53:27] "GET /
roshanpanda HTTP/1.1" 200 -
192.168.4.227 - - [06/Nov/2024 21:53:29] "GET /favicon.
ico HTTP/1.1" 404 -
192.168.4.227 - - [06/Nov/2024 21:53:34] "GET /
get-output HTTP/1.1" 200 -
192.168.4.227 - - [06/Nov/2024 21:53:34] "GET /execute
HTTP/1.1" 200 -
```

Figura 9.5: Saída de voz reconhecida

Guardar o comando no ficheiro :

```
def save_command_to_file(command):
    with open('output.py', 'a') as file:
        file.write(f"{command}\n")
```

Saída do ficheiro guardado com o discurso reconhecido armazenado no ficheiro .py :

```
Hello World
C:/Users/rosha/OneDrive/Desktop/special projects>python output.py
```

Figura 9.6: Saída do discurso reconhecido

Executar o comando a partir do ficheiro :

```python
def execute_command():
    global output_text
    result = subprocess.run(['python', 'output.py'], capture_output=True, text=True)
    output_text = result.stdout if result.returncode == 0 else result.stderr
```

Figura 9.7 : Comando executado a partir do ficheiro

O reconhecimento de voz pega no que parece ser apenas um monte de sons, processa-os como um puzzle e transforma-os em comandos com significado.

para que tu e o teu computador possam realmente "falar".

Tarefa 2 : Ecrã de saída do armazenamento de dados MongoDB

A tela de saída de armazenamento de dados do MongoDB normalmente exibe informações sobre os dados que estão sendo armazenados e recuperados do banco de dados MongoDB. Esta tela é uma parte vital dos aplicativos que armazenam, recuperam ou manipulam dados no MongoDB, pois permite que os desenvolvedores verifiquem se os dados são processados e armazenados corretamente.

1. Estado da ligação

- O ecrã começa normalmente por apresentar o estado da ligação à base de dados MongoDB. Confirma se a ligação à base de dados está ativa ou se encontrou um problema.

- Isto é útil para a resolução de problemas e garante que a aplicação está a comunicar com sucesso com o MongoDB.

2. Ecrã de dados armazenados

- O ecrã de saída pode mostrar os dados armazenados num formato estruturado, como JSON ou um formato de tabela.
- Cada documento (registo) da coleção terá normalmente campos e respectivos valores apresentados de forma clara, facilitando a visualização de entradas individuais.
- Os campos comuns podem incluir:
  - Comando: O comando específico reconhecido ou emitido pelo utilizador.
  - Valor: O valor ou os dados associados a esse comando.
  - Carimbo de data/hora: A hora em que o comando foi armazenado na base de dados.

Configuração do MongoDB:

```python
try:
    client = MongoClient('mongodb://localhost:27017/')
    db = client.specialproject
    voice_collection = db.specialprojects
except Exception as e:
    print(f"Error connecting to MongoDB: {e}")
    exit(1)
```

Figura 9.8: Configuração do MongoDB

3. Actualizações em tempo real

- Para aplicações interactivas, o ecrã de saída do MongoDB pode ser atualizado em tempo real à medida que são armazenados novos dados.
- Por exemplo, se a aplicação estiver a registar comandos de reconhecimento de voz, cada novo comando pode aparecer imediatamente no ecrã de saída, mostrando que foi guardado com sucesso na base de dados.

4. Confirmação de operações CRUD

- Se a aplicação permitir operações de criação, leitura, atualização e eliminação (CRUD), o ecrã de saída apresenta frequentemente confirmações ou mensagens de estado.
- Os exemplos incluem:
    - Confirmação de inserção: "Nova entrada adicionada com sucesso."
    - Notificação de atualização: "Entrada actualizada".
    - Alerta de eliminação: "Entrada eliminada".
- Estas confirmações ajudam os utilizadores a compreender quais as acções que foram executadas com sucesso na base de dados.

5. Resultados da consulta à base de dados

- Ao recuperar dados do MongoDB, o ecrã pode mostrar os resultados da consulta.
- Por exemplo, se o utilizador procurar comandos emitidos dentro de um período de tempo específico, o ecrã pode apresentar uma lista de entradas relevantes.

- Os resultados da consulta podem incluir campos como comando, valor, carimbo de data/hora, permitindo aos utilizadores ver um subconjunto filtrado de dados.

6. Mensagens de erro e informações de depuração

- Todos os erros ou problemas encontrados durante o armazenamento, a recuperação ou a ligação dos dados são apresentados neste ecrã.
- Os erros mais comuns podem incluir:
  - Falhas de conexão: "Falha na ligação ao MongoDB em localhost:27017."
  - Erros de validação de dados: Se um campo obrigatório estiver em falta ou tiver dados inválidos.
  - Erros de consulta da base de dados: Por exemplo, quando uma consulta falha devido a uma sintaxe incorrecta ou a parâmetros em falta.

7. Paginação e filtragem de dados

- No caso de grandes conjuntos de dados, o ecrã de saída pode incluir controlos de paginação ou opções de filtragem para navegar pelas páginas de resultados.
- Os utilizadores podem filtrar dados com base em campos (por exemplo, por tipo de comando ou data) para visualizar apenas registos específicos, facilitando a navegação em grandes volumes de comandos ou entradas armazenados.

Rotas Flask :

```python
@app.route(f'/{SECRET_PATH}')
def home():
    return render_template("index.html", output=output_text)

@app.route('/get-output')
def get_output():
    global output_text
    return output_text

@app.route('/execute')
def execute():
    execute_command()
    return jsonify({'output': output_text})
```

Figura 9.9 : Rotas Flask

Este exemplo de ecrã de saída de armazenamento de dados MongoDB
fornece uma apresentação clara e estruturada de:

1. Estado da ligação à base de dados.
2. Registos de dados armazenados em formato tabular.
3. Notificações de acções recentes (inserção, actualizações).
4. Resultados da consulta para pesquisas específicas definidas pelo
   utilizador.
5. Registos de erros para quaisquer problemas encontrados.

Esta visualização permite que os programadores e os utilizadores
acompanhem e verifiquem eficazmente os dados armazenados no
MongoDB e resolvam quaisquer problemas à medida que estes surgem.

Tarefa 3 : Visualização da saída da página Web

O ecrã de saída da página Web é um componente essencial das
aplicações com uma interface Web, fornecendo aos utilizadores uma
forma estruturada e interactiva de visualizar e interagir com os dados e
as funcionalidades da aplicação. Esta interface é normalmente
concebida para ser de fácil utilização, visualmente organizada e
responder às acções do utilizador. Eis uma descrição do que um ecrã de
saída de página Web típico pode conter, especialmente para uma
aplicação que envolva comandos de voz, interação com bases de dados
e actualizações em tempo real.

Secção Consulta da base de dados e resultados:

- Se a aplicação integrar uma base de dados (como o MongoDB),
  esta secção pode permitir que os utilizadores consultem a base de
  dados e vejam os resultados diretamente na página Web.
- Os utilizadores podem especificar critérios para filtrar ou ordenar
  comandos, tais como visualizar comandos de um intervalo de
  tempo específico.
- Os resultados da consulta seriam apresentados num formato
  tabular, semelhante à saída de dados armazenados.
- Trata-se de uma ferramenta útil para rever e gerir dados
  históricos.

Executar a aplicação Flask:

```python
def run_flask():
    app.run(host='192.168.200.228', port=5000)
```

Figura 9.10 : Execução da aplicação Flask

Função principal :

```python
def main():
    global output_text
    text = recognize_voice()
    if text is not None:
        print(f"Recognized text: {text} # Fetching voice data...")
        voice_data = fetch_voice_data(text)
        print(f"Voice data fetched: {voice_data}")
        print(f"Now saving to output.py...")
        save_command_to_file(voice_data)
        threading.Thread(target=run_flask).start()
        time.sleep(2)
        webbrowser.open(f"http://192.168.200.228:5000/{SECRET_PATH}")

if __name__ == "__main__":
    main()
```

Figura 9.11: Função principal

Estes fragmentos de código definem a interface web principal e o encaminhamento para a aplicação voz-para-código. Veja como ela funciona:

1. Interface Web (rota inicial): Apresenta a página principal (index.html) com uma vista da saída atual.

2. Recuperação de saída (get-output Route): Permite a obtenção em tempo real do texto de saída atual, provavelmente para actualizações assíncronas.

3. Execução de comando (execute Route): Inicia o processo de execução do comando, actualiza output_text e envia-o de volta como JSON para utilização imediata no front end.

Explicação adicional do fluxo

- Integração do Reconhecimento de Fala: O módulo speech_recognition, que é importado como sr, não é mostrado nos trechos de código atuais, mas é provavelmente usado na função execute_command para converter comandos falados em texto que pode ser executado como código Python.

- Interação com a base de dados: A ligação MongoDB (MongoClient) pode ser utilizada para armazenar comandos reconhecidos ou o histórico de execução, fornecendo uma forma de consultar comandos passados ou acompanhar a utilização.

Saída da página Web:

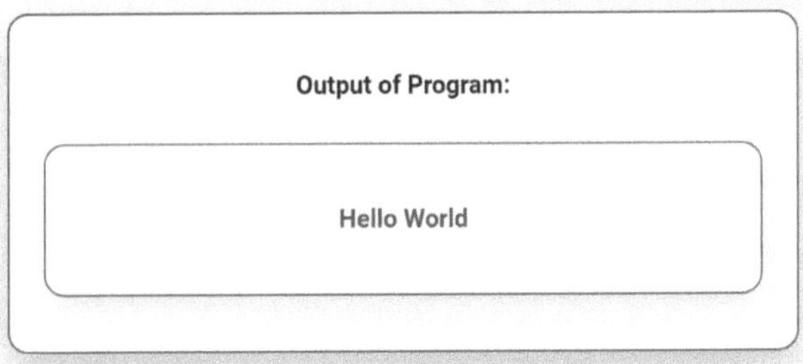

Figura 9.12 : Saída final da página Web

O ecrã de saída da página Web neste exemplo fornece aos utilizadores uma interface simples e clara que permite a interação e a monitorização em tempo real. O esquema foi concebido para mostrar resultados de comandos de voz, gerir registos de bases de dados, configurar definições e interagir com ficheiros guardados, tudo a partir de um painel centralizado.

CAPÍTULO 10 - CONCLUSÃO E RESUMO

Tarefa 1: Principais conclusões e aprendizagens

Principais conclusões e aprendizagens do desenvolvimento de uma aplicação baseada na Web com reconhecimento de voz e integração de bases de dados:

1. Compreender a tecnologia de reconhecimento de voz

- Noções básicas de reconhecimento de voz: Aprendeu como funcionam os sistemas de voz para texto, convertendo palavras faladas em texto escrito, envolvendo processamento de ondas sonoras, modelos de linguagem e reconhecimento de padrões.
- Desafios de integração: O reconhecimento de voz não se limita a transcrever palavras; implica lidar com sotaques, ruído de fundo e diferentes padrões de discurso para garantir a exatidão.
- Escolher as ferramentas certas: A experimentação de APIs como o Vosk, o Google Speech-to-Text ou dicionários fonéticos personalizados realçou a importância de selecionar ferramentas que se adequem aos requisitos do projeto em termos de precisão, velocidade e suporte linguístico.

2. Trabalhar com bases de dados (MongoDB)

- Armazenamento e recuperação de dados: Aprendeu a armazenar, recuperar e manipular dados numa base de dados NoSQL (MongoDB), particularmente no tratamento de dados estruturados e não estruturados para comandos.

- Otimização de consultas: Implementação de técnicas eficientes
  de recuperação de dados para garantir um acesso rápido,
  especialmente quando se trata de consultar comandos históricos.
- Actualizações em tempo real: Compreendeu como atualizar o
  front end com dados em tempo real, como apresentar comandos
  reconhecidos instantaneamente depois de os armazenar na base
  de dados.

3. Fundamentos do desenvolvimento Web

- Integração Frontend-Backend: Adquiriu experiência na ligação
  do frontend (interface da página Web) com as funcionalidades do
  backend, assegurando um fluxo de dados sem problemas entre o
  reconhecimento de voz, as operações da base de dados e a
  interface do utilizador.
- Design UI/UX: Aprendeu a criar um layout intuitivo e de fácil
  utilização, centrando-se na simplicidade, capacidade de resposta
  e feedback claro para as acções (por exemplo, estado da
  gravação, confirmação de comandos).
- Gestão de sessões e segurança: Gestão de sessões de utilizador e
  tratamento seguro de dados para garantir a integridade e a
  privacidade dos dados do utilizador, especialmente com dados
  sensíveis como comandos de voz.

4. Manipulação de operações e execução de ficheiros

- Criação e gestão de ficheiros: Desenvolveu competências para
  guardar comandos reconhecidos em ficheiros, gerir caminhos de
  ficheiros e garantir que os ficheiros são abertos no formato e
  editor corretos.

- Automatização de fluxos de trabalho: Automação implementada, tal como guardar ficheiros e abri-los em editores com o mínimo de intervenção do utilizador, melhorando a eficiência do utilizador.

5. Tratamento de erros e depuração

- Feedback de erros em tempo real: Mensagens de erro integradas e actualizações de estado na IU, permitindo aos utilizadores compreender o que correu mal (por exemplo, problemas de acesso ao microfone, desconexão da base de dados).
- Testes e Iteração: Testámos iterativamente a precisão do reconhecimento de voz, as operações da base de dados e o tratamento de ficheiros, aperfeiçoando cada componente para obter uma aplicação mais estável.

6. Melhorar a exatidão do reconhecimento vocal

- Utilização de dicionários fonéticos: Combinando palavras-chave personalizadas com um dicionário fonético, aumenta a precisão de termos complexos ou técnicos específicos do contexto da aplicação.
- Otimização contínua: Descobriu a importância de atualizar regularmente os modelos de reconhecimento de voz e de se ajustar ao feedback do utilizador para lidar melhor com os sotaques e o ruído.

7. Processamento de dados em tempo real

- Programação orientada para eventos: Implementou um ciclo para a captura contínua de entradas de voz, tornando a aplicação sensível às acções do utilizador em tempo real.

- Fluxo de dados eficiente: Assegurou o processamento em tempo
  real dos comandos e o seu armazenamento e visualização
  imediatos, melhorando o envolvimento e a interação do
  utilizador.

8. Considerações sobre a experiência do utilizador (UX)

- Limpar avisos do utilizador: Foram adicionados avisos como
  "Prima Iniciar para gravar" ou "Por favor, diga um comando"
  para orientar os utilizadores.
- Minimização da saída desnecessária: Redução da saída da
  consola para apenas mensagens essenciais, proporcionando uma
  interface mais limpa para os utilizadores.
- Comandos personalizados: Permitiu aos utilizadores definir
  palavras-chave e frases personalizadas, tornando a aplicação
  mais flexível e adaptável às suas necessidades.

9. Aprender e utilizar diferentes APIs

- Familiaridade com a API: Explorou várias APIs (por exemplo,
  para reconhecimento de voz, acesso a bases de dados, gestão de
  ficheiros), melhorando as competências na integração de serviços
  de terceiros.
- Exploração de alternativas: Considerou outras APIs, como a
  Google Speech-to-Text, para compreender os seus prós e contras
  para futuras necessidades de desenvolvimento.

10. Importância da documentação e da organização do código

- Modularidade do código: Código estruturado em secções claras
  (por exemplo, reconhecimento de voz, interação com bases de

dados, tratamento de ficheiros) para melhor legibilidade e depuração mais fácil.

- Documentação: Aprendeu o valor de documentar cada passo e função, o que ajuda tanto no desenvolvimento como na manutenção futura.

Estas aprendizagens reflectem os aspectos práticos da construção de uma aplicação Web integrada na base de dados e com voz. Cada passo reforçou a importância de combinar conhecimentos técnicos com uma conceção centrada no utilizador para obter um produto funcional e de sucesso.

Tarefa 2: Potenciais melhorias e aplicações futuras

1. Personalização melhorada dos comandos de voz

- Comandos definidos pelo utilizador: Permite que os utilizadores definam os seus próprios comandos de voz e respostas, tornando a aplicação altamente personalizada e adaptável a fluxos de trabalho individuais.
- Atalhos de comando: Introduzir frases de atalho ou palavras-chave para desencadear sequências de acções, tornando a aplicação mais rápida e eficiente.

2. Suporte multilingue

- Opções de idiomas alargadas: Adicione suporte para vários idiomas, atendendo a uma base de utilizadores mais ampla através da implementação de serviços de deteção e tradução de idiomas.

- Adaptação de dialeto e sotaque: Afine o reconhecimento de voz para sotaques e dialectos específicos, melhorando a precisão para diversos contextos linguísticos.

3. Melhoria da precisão do reconhecimento de voz com IA

- Modelos de aprendizagem automática: Integrar modelos mais avançados de reconhecimento de voz orientados para a IA, possivelmente utilizando estruturas de aprendizagem profunda, para maior precisão e adaptabilidade.
- Aprendizagem contínua: Permitir que o sistema aprenda com as correcções do utilizador e melhore ao longo do tempo, actualizando o seu modelo com correcções frequentes ou recorrentes.

4. Integração com outras ferramentas de produtividade

- Ligação com software de gestão de tarefas: Integrar com plataformas de gestão de tarefas como o Trello, Asana ou Microsoft To-Do, para que os utilizadores possam criar tarefas e definir lembretes através de comandos de voz.
- Integração do calendário: Permite o agendamento por voz, ligando-se ao Google Calendar, Microsoft Outlook, etc., para criar e gerir eventos sem problemas.

5. Casa inteligente e controlo de dispositivos IoT

- Automatização doméstica: Expandir a funcionalidade para controlar dispositivos domésticos inteligentes, como luzes, termóstatos e sistemas de segurança, através de comandos de voz, tornando-o uma ferramenta poderosa para a automatização doméstica.
- Integração com dispositivos portáteis: Desenvolver uma extensão de aplicação para dispositivos portáteis (por exemplo,

smartwatches) para controlar a aplicação remotamente e receber alertas e respostas activados por voz.

6. Análise avançada de dados e elaboração de relatórios

- Análise de comandos de voz: Acompanhe e analise os comandos utilizados com frequência, fornecendo informações sobre o comportamento e as preferências do utilizador.
- Análise do sentimento: Utilizar a análise do tom de voz para avaliar o estado de espírito ou o sentimento do utilizador, ajustando as respostas em conformidade, o que pode ser útil para aplicações de saúde mental e bem-estar.

7. Transcrição e tradução em tempo real

- Serviço de transcrição em direto: Ofereça transcrição em tempo real para reuniões ou palestras, permitindo aos utilizadores obter uma versão de texto instantaneamente.
- Tradução de comandos de voz: Fornece tradução em tempo real para utilizadores que falam em diferentes línguas, tornando a aplicação útil em ambientes multilingues.

8. Funções de segurança avançadas

- Autenticação por voz: Implementar a biometria de voz para autenticação do utilizador, proporcionando uma experiência de início de sessão segura e sem palavras-passe.
- Controlo de acesso baseado em funções: Para aplicações utilizadas por várias pessoas, permita o controlo de acesso baseado na voz para restringir determinados comandos ou dados com base nas funções do utilizador.

9. Visualização de saída melhorada

- Representação gráfica de dados: Para aplicações que utilizam dados (por exemplo, números ou métricas), visualize os resultados com gráficos, quadros ou dashboards na interface Web, fornecendo uma forma mais envolvente de ver os resultados.

- Ecrã interativo para comandos: Crie um ecrã dinâmico e interativo que represente visualmente os comandos reconhecidos e os respectivos resultados, proporcionando aos utilizadores uma experiência mais envolvente.

10. Funcionalidade offline

- Reconhecimento de voz local: Desenvolver um modo offline utilizando modelos locais, permitindo o reconhecimento de voz sem uma ligação à Internet, o que seria útil para os utilizadores em áreas remotas ou de baixa conetividade.

- Sincronização de dados: Implemente a sincronização para que os dados recolhidos offline sejam automaticamente actualizados para a nuvem assim que o dispositivo se voltar a ligar.

11. Funcionalidade alargada da base de dados

- Consulta de dados complexos: Permitir opções de consulta mais sofisticadas através da voz, como filtrar, ordenar ou resumir dados da base de dados, transformando a aplicação numa ferramenta interactiva de consulta de bases de dados.

- Opções de cópia de segurança e exportação de dados: Adicione funcionalidades para efetuar cópias de segurança dos dados ou

exportá-los em diferentes formatos (CSV, PDF) para uma melhor
gestão e portabilidade dos dados.

12. Melhorias na interface do utilizador

- Temas de interface personalizáveis: Permitir que os utilizadores
  personalizem a IU com o modo escuro, temas de cores e ajustes
  de fontes, melhorando a acessibilidade e o conforto do utilizador.
- Navegação controlada por voz: Permita que os utilizadores
  naveguem na interface da aplicação, abram diferentes
  separadores ou executem acções inteiramente através de
  comandos de voz para uma experiência mãos-livres.

13. Integração do processamento da linguagem natural (PNL)

- Compreensão contextual: Melhorar o processamento de
  comandos através da implementação da PNL para compreender
  melhor a intenção e o contexto do utilizador, tornando as
  interações mais naturais.
- IA de conversação: Desenvolver um assistente de conversação
  que possa lidar com pedidos mais complexos, em várias etapas e
  perguntas de acompanhamento, semelhante a assistentes pessoais
  como a Siri ou a Alexa.

14. Extensão da aplicação móvel

- Desenvolvimento de aplicações móveis: Criar uma versão móvel
  para fornecer a mesma funcionalidade de reconhecimento de voz
  em movimento, alargando o alcance da aplicação.

- Sincronização entre plataformas: Permita a sincronização de dados entre vários dispositivos, para que os utilizadores possam alternar entre o computador e o telemóvel sem problemas.

15. Integração com plataformas AR/VR

- Ambientes virtuais controlados por voz: Para aplicações de RV, permitir que os utilizadores controlem ou naveguem em ambientes virtuais utilizando comandos de voz, melhorando a experiência de imersão.
- Sobreposição de RA: Em realidade aumentada, apresentar o resultado dos comandos de voz como uma sobreposição no ambiente real do utilizador, útil em sectores como os cuidados de saúde e a engenharia.

Conclusão:

Em conclusão, a aplicação baseada no reconhecimento de voz demonstra o potencial da combinação do processamento da linguagem natural, da tecnologia de conversão de voz em texto e da gestão interactiva de bases de dados para criar uma ferramenta altamente envolvente e eficiente. Este projeto mostra como os comandos de voz podem simplificar a recuperação de dados, melhorar a acessibilidade e racionalizar tarefas em vários domínios. Ao implementar interações orientadas por voz, a aplicação não só melhora a usabilidade para quem procura soluções mãos-livres, como também estabelece uma base para aplicações mais sofisticadas em automação, controlo de IoT e IA personalizada.

Ao longo do projeto, explorámos a forma como o reconhecimento de voz poderia transformar um sistema de gestão de dados padrão numa experiência interactiva. Enfrentámos desafios relacionados com a precisão, o processamento em tempo real e a conceção da interface do utilizador, o que proporcionou oportunidades de aprendizagem valiosas e aprofundou a nossa compreensão do processamento de voz e da integração de bases de dados.

Olhando para o futuro, existem inúmeras formas de melhorar e expandir a aplicação, tais como adicionar suporte multilingue, melhorar a personalização dos comandos de voz e integrar com plataformas externas e dispositivos IoT. Estas melhorias podem aumentar significativamente a versatilidade e a atração da aplicação, tornando-a aplicável a uma vasta gama de indústrias.

Em última análise, este projeto destaca o potencial transformador da tecnologia de voz para tornar as interações digitais mais intuitivas e acessíveis. À medida que a tecnologia de reconhecimento de voz continua a avançar, abre a porta a inovações empolgantes que podem remodelar a forma como interagimos com a informação, os sistemas e até os nossos ambientes físicos.

Referências

1. Documentação oficial do Python

- A documentação do Python para módulos e bibliotecas incorporados (como subprocess, os e threading) foi um guia essencial.
- Ligação: https://docs.python.org/3/

2. Documentação do Flask

- A documentação oficial do Flask ajudou a configurar a aplicação Web, a definir rotas e a gerir pedidos e respostas da API.
- **Ligação:** https://flask.palletsprojects.com/

3. Documentação do MongoDB

- A documentação do MongoDB foi inestimável para aprender sobre conceitos NoSQL, lidar com documentos do tipo JSON e integrar o MongoDB com o Python usando o pymongo.
- **Ligação:** https://www.mongodb.com/docs/

4. Documentação da biblioteca SpeechRecognition

- A documentação oficial da biblioteca SpeechRecognition fornece instruções detalhadas sobre como capturar e processar a entrada de voz em Python.
- **Ligação:** https://pypi.org/project/SpeechRecognition/

5. Pymongo Documentação

- o A documentação sobre o pymongo oferecia orientações sobre como ligar, inserir, atualizar e obter dados do MongoDB utilizando Python.
- o **Ligação:** https://pymongo.readthedocs.io/

6. Documentação do carteiro

- o Os recursos do Postman foram utilizados para testar os pontos finais da API, o que ajudou a depurar e a otimizar as interações entre o servidor e o cliente.
- o **Ligação:** https://learning.postman.com/docs/

7. Stack Overflow e Fóruns de desenvolvedores

- o Vários fóruns e tópicos de discussão no Stack Overflow foram úteis para solucionar erros, compreender casos extremos e encontrar trechos de código para tarefas específicas.
- o **Ligação:** https://stackoverflow.com/

8. Tutoriais reais sobre Python e FreeCodeCamp

- o Os tutoriais online do Real Python e do FreeCodeCamp forneceram guias práticos e exemplos para usar o Flask, o MongoDB e o reconhecimento de voz em projectos Python.
- o **Ligação Python real:** https://realpython.com/
- o **FreeCodeCamp Link:** https://www.freecodecamp.org/

9. **Tutoriais do YouTube**

   o Os tutoriais do YouTube sobre tópicos como o desenvolvimento do Flask, a integração do MongoDB e a implementação do reconhecimento de voz ajudaram a visualizar processos complexos e a compreender as melhores práticas.

   o Canais como "Programming with **"Mosh" e "Tech With Tim"** forneceram informações sobre o desenvolvimento full-stack e a estruturação de projectos.

10. **Repositórios do GitHub e projetos de amostra**

   o Os projectos de exemplo no GitHub serviram de referência para estruturar o projeto, configurar os pontos finais da API e organizar os esquemas da base de dados.

   o **Ligação:** https://github.com

I want morebooks!

Buy your books fast and straightforward online - at one of world's fastest growing online book stores! Environmentally sound due to Print-on-Demand technologies.

Buy your books online at
www.morebooks.shop

Compre os seus livros mais rápido e diretamente na internet, em uma das livrarias on-line com o maior crescimento no mundo! Produção que protege o meio ambiente através das tecnologias de impressão sob demanda.

Compre os seus livros on-line em
www.morebooks.shop

Printed by Books on Demand GmbH, Norderstedt / Germany